Klick! 3

Erdkunde

Arbeitsheft

Erarbeitet von
Christine Fink
Dr. Oliver Fink
Wolfgang Humann
und Silke Weise

Cornelsen

Inhaltsverzeichnis

Orientierung auf der Erde

Wenn wir uns auf der Erde orientieren wollen, können wir uns einen Globus oder eine Weltkarte ansehen.

Globus und Weltkarte

Der Globus ist eine verkleinerte Nachbildung der Erde. Er zeigt die kugelförmige Gestalt der Erde. Der Globus vermittelt uns ein räumliches Bild von der Erde.

Die Weltkarte ist auch eine Abbildung der Erde, sie zeigt uns die Erde aber nicht als Kugel, sondern als Fläche. Eine Weltkarte ist handlicher als ein Globus. Eine Weltkarte findest du in jedem Atlas.

1 Auf der Weltkarte ist der Pazifische Ozean zweimal abgebildet. Warum ist es so? Findet eine Erklärung.

In diesem Kapitel werden wir uns mit der Weltkarte beschäftigen.

2 a) Sieh dir die Weltkarte genau an.
b) Ergänze die Sätze mit passenden Wörtern.

Der größte Teil der Erde ist mit ____________________ bedeckt.

Die Wasserfläche ist in drei ____________________ gegliedert.

Das Land nimmt dagegen nur einen ____________________ Teil ein.

Wie Inseln ragen die ____________________ aus dem Wasser.

Es gibt insgesamt ____________________ Kontinente.

→ kleinen
Kontinente
Ozeane
sieben
Wasser

3 Wie heißen die sieben Kontinente? Schreibe auf.

____

____

____

4 Wie heißen die drei Ozeane? Schreibe auf.

____

____

____

Das Gradnetz der Erde

Ein Schiffskapitän erzählt:

„Wir waren schon seit drei Tagen unterwegs. Am dritten Tag wollten wir endlich den Hafen erreichen. Plötzlich, wir waren schon fast an der Küste, zog ein riesiger Sturm auf. Der Wind wehte so furchtbar stark, dass wir das Schiff kaum noch steuern konnten. In dieser Notlage wollten wir schnell Hilfe rufen. S.O.S ! ....“

1 Was muss der Schiffskapitän wissen, um Hilfe holen zu können? Überlegt gemeinsam.

Um eine Position bestimmen zu können, brauchen wir genaue Angaben.

Das Gradnetz der Erde

Das Gradnetz der Erde ist wie ein riesiges Netz über die Erde gespannt. Es besteht aus Längenkreisen und Breitenkreisen. Jeder Längenkreis und jeder Breitenkreis ist mit einer Zahl gekennzeichnet. Diese Zahlen nennen wir Grade.

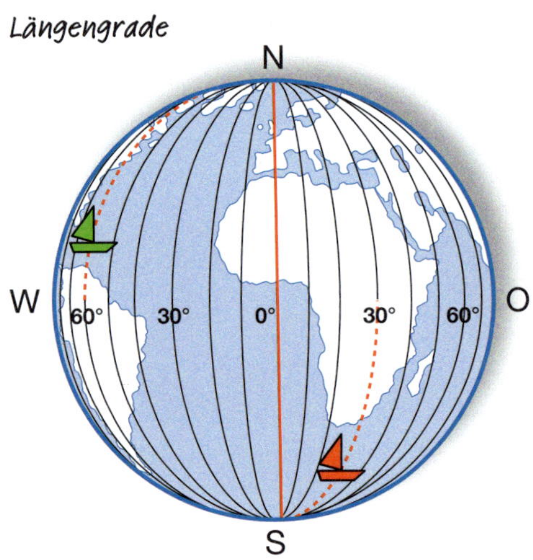

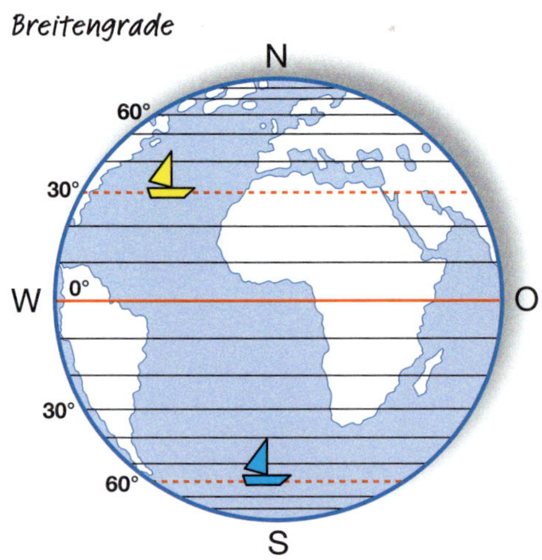

Das grüne Schiff liegt auf 60° West.	Das gelbe Schiff liegt auf 30° Nord.
Das rote Schiff liegt auf 30° Ost.	Das blaue Schiff liegt auf 60° Süd.

Das Gradnetz der Erde

Längengrade und Breitengrade

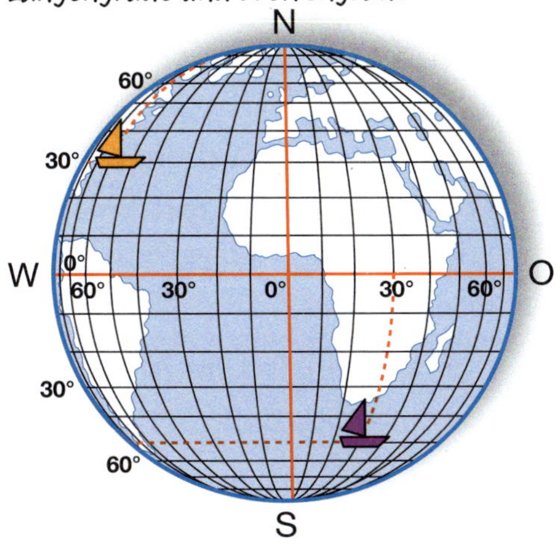

Die Längenkreise und die Breitenkreise schneiden sich in einem Punkt. Diesen Schnittpunkt kann man mit Zahlen genau benennen.

Das orange Schiff liegt auf 60° West und 30° Nord.
Das lila Schiff liegt auf 30° Ost und 60° Süd.

2 Wo liegen diese Schiffe? Bestimme die Positionen.

Längengrade

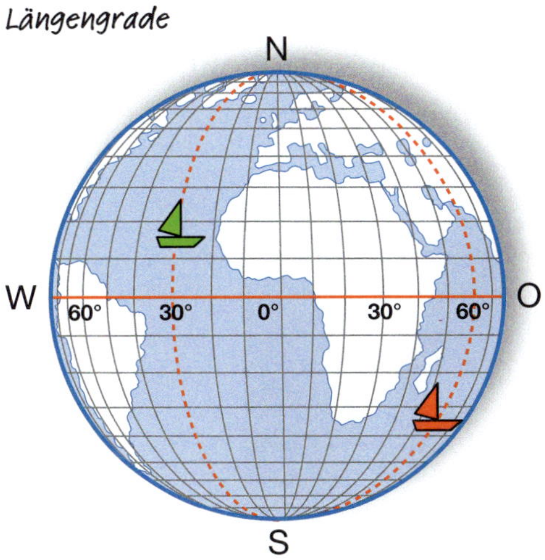

Breitengrade

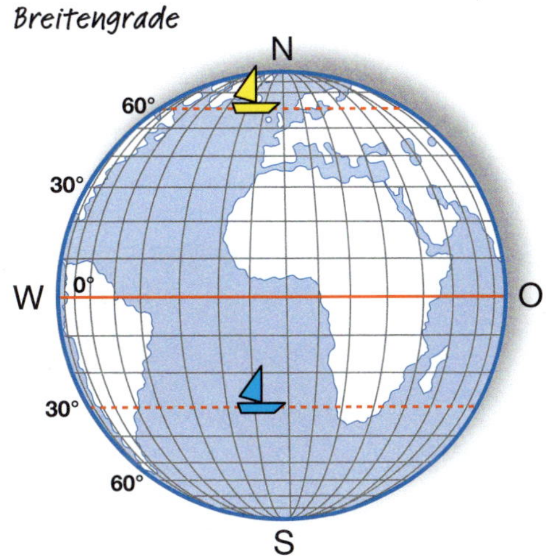

Das grüne Schiff liegt auf ____° West.	Das gelbe Schiff liegt auf ____° Nord.
Das rote Schiff liegt auf ____° Ost.	Das blaue Schiff liegt auf ____° Süd.

Einen Ort im Atlas finden

Tim und Ali bereiten einen Kurzvortrag über das Land Marokko vor. Sie wollen dazu den Ort Casablanca im Atlas finden.

Tim

Wie finde ich denn Casablanca in diesem großen Atlas?

Schlag mal deinen Atlas ganz hinten auf. Dort findest du alle Orte der Welt. Sie sind alphabetisch geordnet. Diesen Teil im Atlas nennt man Register.

Ali

Tim: O.K. Ich habe das Register gefunden. So sieht es aus. Und wie geht es weiter?

C		
Calais	15/16	D1
Cambridge	13/14	G4
Canberra	24	E5
Caracas	31	C1/2
Cardiff	13/14	F4
Casablanca	**25/26**	**D3**
Catania	15/16	F4

Ali: Hinter jedem Ort stehen Zahlen und Buchstaben. Bei Casablanca ist es 25/26 D3. Die erste Zahl ist die Seitenzahl. Casablanca liegt auf der Seite 25/26. Schlage diese Seite auf.

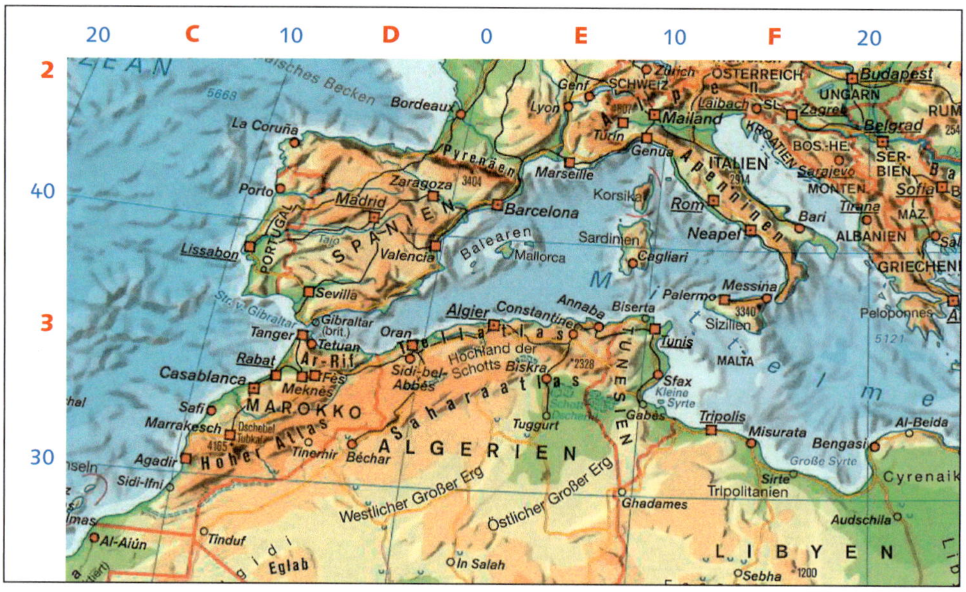

Ali: Als Nächstes kommt ein Buchstabe mit einer Zahl. Der Buchstabe und die Zahl geben das Gradnetz-Feld an.
Tim: Ja, ich habe es gefunden! Casablanca liegt im Feld D3.

**Jetzt seid ihr dran! Sucht die folgenden Orte in eurem Atlas.
Macht es so wie Tim und Ali.**

Schritt 1: Suche in deinem Atlas das Register.

Schritt 2: Suche in dem Register den Ort, den du finden möchtest.

Schritt 3: Notiere dir die Seitenzahlen und das Gradnetz-Feld. (Beispiel: Casablanca 25/26 D3)

Schritt 4: Schlage die entsprechende Seite im Atlas auf.

Schritt 5: Suche das entsprechende Gradnetz-Feld auf der Karte. Dort findest du den gesuchten Ort.

1 Suche die folgenden Städte in deinem Atlas.
Welche Angaben findest du im Register?

Stadt	Seite im Atlas	Gradnetz-Feld
Casablanca		
Kapstadt		
Peking		
Tokio		
Kairo		

2 In welchen Ländern liegen diese Städte?

Kapstadt: ____________________

Peking: ____________________

Tokio: ____________________

Kairo: ____________________

Der Kontinent Afrika

**Begleite drei Reisende durch Afrika.
Der Bergsteiger, die Reiseleiterin und der Biologe haben unterschiedliche Reiseziele.**

Hallo, ich bin Anton und begeisterter Bergsteiger. In Afrika möchte ich zu diesen Bergen fahren und dort klettern:
- Atlasgebirge
- Kilimandscharo

Hallo, ich bin Katja und arbeite als Reiseleiterin. Diese Städte sind bei unseren Touristen besonders beliebt:
- Kairo (Ägypten)
- Kapstadt (Südafrika)
- Tunis (Tunesien)

Hallo, mein Name ist Frederik. Als Biologe interessiere ich mich für alle Tiere und Pflanzen. In Afrika möchte ich zu folgenden Orten fahren:
- Sahara (Wüste)
- Kongo-Becken (Regenwald)
- Viktoriasee
- zum Fluss Nil
- auf die Insel Madagaskar

Wusstest du es schon?

Afrika ist ungefähr dreimal so groß wie Europa. Mitten durch Afrika verläuft der Äquator.

→ Lexikon S. 110–114
Äquator

Afrika ist ein Kontinent voller Gegensätze. Hier finden wir trockene Wüsten, feuchte tropische Regenwälder, hohe Berge, große Flächen und den längsten Fluss der Welt: den Nil. In Afrika gibt es riesige Großstädte und weite Gegenden, in denen kaum Menschen leben.

Der Kontinent Afrika

1 Suche eine Afrika-Karte in deinem Atlas.

a) Suche die Reiseziele von Anton, Katja und Frederik auf der Karte.
b) Trage sie in die Karte auf dieser Seite ein.

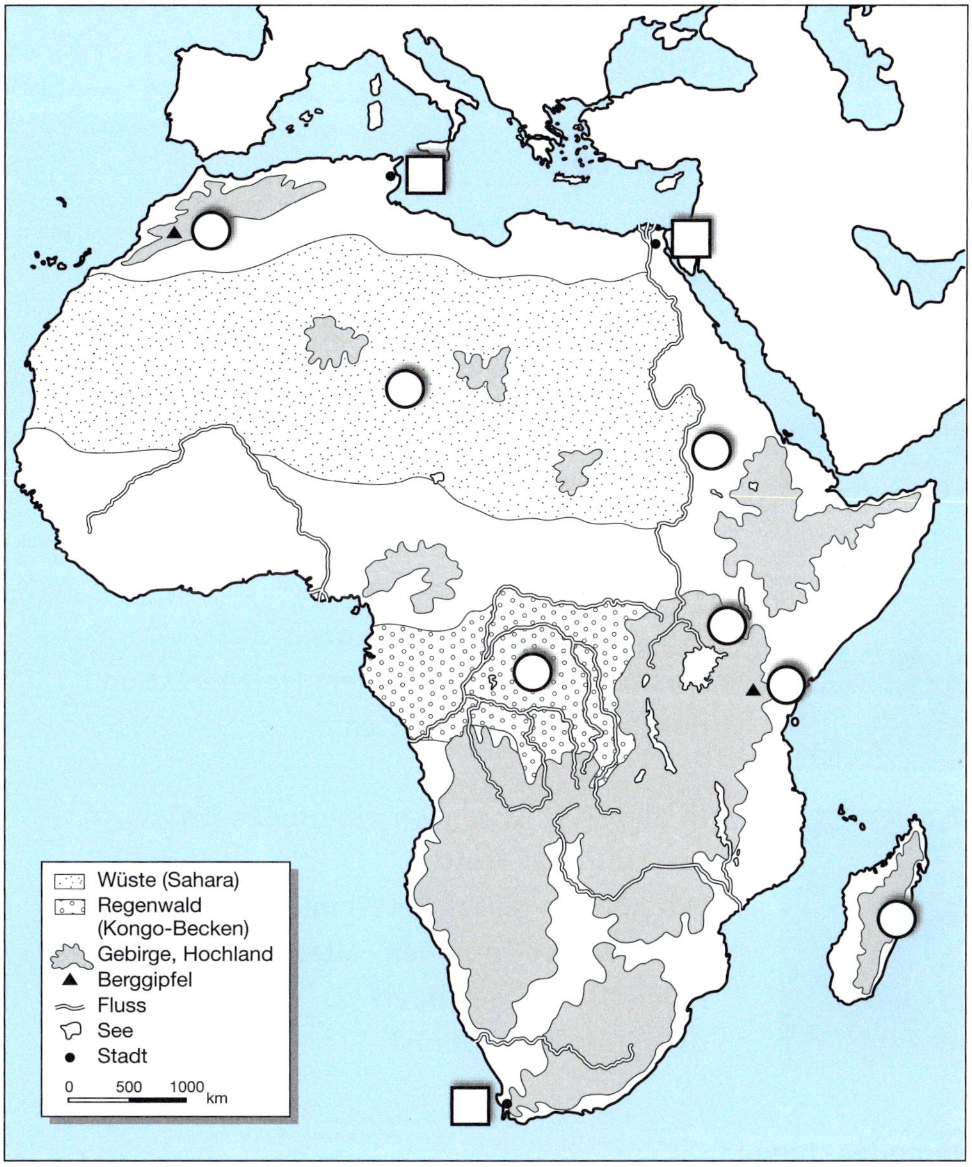

→ Gebirge
Atlasgebirge: I
Kilimandscharo: II

Städte
Kairo: a)
Kapstadt: b)
Tunis: c)

Landschaften, Flüsse, Seen
Sahara: 1
Kongobecken: 2
Viktoria-See: 3
der Fluss Nil: 4
die Insel Madagaskar: 5

2 Male die Karte mit den passenden Farben aus.

Wüste: gelb
Berge: braun
Regenwald: grün
Flüsse und Seen: blau

Das Leben in der Wüste

**Die Sahara ist die größte Wüste der Welt.
Sie bedeckt einen großen Teil von Nordafrika.
Hier ist es tagsüber bis zu 60 °C heiß, nachts unter 0 °C kalt.
Oft regnet es viele Jahre lang nicht.**

1 Wende die Schritte [1] bis [3] vom Textknacker an.

So leben die Tuareg* in der Wüste

*Tuareg: ein bekanntes Nomaden-Volk in der Sahara

Hallo, mein Name ist Simangele. Ich bin 14 Jahre alt. Ich habe einen großen Bruder und zwei kleine Schwestern. Unsere Familie lebt in der Wüste. Wir sind **Nomaden**. Wir ziehen mit unseren Tieren immer umher.

Wir haben kein festes Haus. Wir wohnen in einem **Tuareg-Zelt**. Das Zelt besteht aus einem Holzgerüst und darüber gelegten Matten.

In dem Zelt haben wir ein großes **Bett**. Es **steht auf Rollen**. Wir können dieses Bett immer mitnehmen, wenn wir weiterziehen. Alles, was wir besitzen, ist im Zelt aufgestapelt oder hängt am Gerüst.

**Simangele ist ein Nomaden-Junge.
Was bedeutet das für ihn?
Wir haben die Antwort in dem ersten Abschnitt markiert.**

2 Woraus besteht ein Tuareg-Zelt?
Finde die Antwort in dem 2. Abschnitt. Markiere die Antwort.

3 Warum steht das Bett auf Rollen?
Finde die Antwort in dem 3. Abschnitt. Markiere die Antwort.

Das Leben in der Wüste

Meine Familie besitzt Kamele, Schafe und Ziegen. Ich hüte jeden Tag unsere Kamele und melke sie. Das ist eine wichtige Aufgabe. Die Kamelmilch brauchen wir zum Trinken. Auch den Hirsebrei, den wir fast täglich essen, verrühren wir mit Kamelmilch.

4 Vergleiche dein Leben mit dem von Simangele.

a) Finde die Informationen zu Simangele in dem Text.
b) Fülle die Tabelle aus.

	Simangele:	ich:
Alter		
Geschwister		
So wohnen wir		
Das muss ich jeden Tag tun		
Das esse und trinke ich oft		

Asien – der Rekord-Kontinent

**Asien ist der größte Kontinent der Erde.
Hier wohnen mehr als die Hälfte aller Menschen.**

**Kim und Alina wollen den Kontinent Asien besser kennen lernen.
Sie suchen alle Karten über Asien in ihrem Atlas.**

Alina: Wie finde ich heraus, wo die Asien-Karten sind?

Kim: Suche zuerst das Inhaltsverzeichnis in deinem Atlas.

Alina: Ich habe es gefunden. Bei mir ist das Inhaltsverzeichnis ganz vorne im Atlas.

Kim: Prima, dann lass uns mal sehen, welche Karten wir über Asien finden können!

In dem Inhaltsverzeichnis findest du alle Karten, die es in deinem Atlas gibt. Meist findest du hier noch weitere Informationen, zum Beispiel: um welche Art von Karte es sich handelt und in welchem Maßstab die Karte abgebildet ist.

1 Jetzt bist du dran! Suche das Inhaltsverzeichnis in deinem Atlas.

Es befindet sich ______________________________ im Atlas.

2 Auf welchen Seiten findest du in deinem Atlas Karten über Asien? Nenne aus dem Inhaltsverzeichnis drei verschiedene Karten über Asien und die Seitenzahlen dazu.

Karte	Seitenzahl
______________________	*Seite* ________
______________________	*Seite* ________
______________________	*Seite* ________

Hier kannst du ein Rätsel lösen.
Du brauchst die Asien-Karten in deinem Atlas dazu.

3 Löse das Rätsel! Suche folgende Orte auf deiner Asien-Karte im Atlas.

Weltrekorde in Asien

① das Land mit der größten Fläche auf der Erde
② der größte See der Erde
③ der tiefste See der Erde
④ die größte Halbinsel der Erde
⑤ der höchste Berg der Erde (8848 m)
⑥ das bevölkerungsreichste Land der Erde
⑦ der kälteste Ort der Erde, wo Menschen leben (unter –45 °C)
⑧ die aktivste Vulkanzone der Erde

4 Schreibe die passenden Begriffe zu den Nummern.

①: ______________________ ②: ______________________

③: ______________________ ④: ______________________

⑤: ______________________ ⑥: ______________________

⑦: ______________________ ⑧: ______________________

Baikalsee
Kaspisches Meer
Russland
China
Mount Everest
Oimjakon
Arabische Halbinsel
Indonesien

Länder in Asien

Asien ist ein sehr vielfältiger Kontinent.
Drei Jugendliche aus Asien berichten über ihre Länder.

1 Findet heraus: Wer erzählt über welches Land?

„Ich lebe im bevölkerungsreichsten Land der Erde. In unserem Land leben über 1,3 Milliarden Menschen. Aus diesem Grund gibt es bei uns eine Vorschrift, dass Ehepaare nur ein Kind bekommen dürfen. Unsere Hauptstadt heißt Peking. Wir haben eine ganz besondere Schrift. Sie besteht aus über 30 000 Schriftzeichen! Der offizielle Name unserer Flagge ist „Rote Fahne".

„Ich lebe im größten Land der Erde. Es liegt zum Teil in Europa, größtenteils aber in Asien. In unserem Land leben etwa 142 Millionen Menschen. Unsere Hauptstadt heißt Moskau.

Wenn ich in der Schule eine 5 bekomme, freue ich mich! Denn 5 ist bei uns die beste Note, 2 die schlechteste. Eine 1 darf gar nicht gegeben werden."

„In unserem Land leben 1,1 Milliarden Menschen. Davon kann fast jeder zweite Mensch nicht lesen und schreiben, weil er nie zur Schule gehen durfte. Gleichzeitig ist unser Land bekannt für seine sehr guten Computer-Programmierer. Unsere Hauptstadt heißt Neu-Delhi.

In meinem Land sind Kühe heilige Tiere. Oft laufen die Kühe frei auf der Straße herum. Niemand würde eine Kuh von der Straße scheuchen."

2 a) Verbindet die Texte mit den passenden Bildern.
b) Schreibt die Ländernamen unter die Bilder.

Länder in Asien

3 Was hast du über diese drei Länder in Asien erfahren?
Trage die fehlenden Angaben ein.
Die Informationen dazu findest du in den Texten.

Land	Hauptstadt	Einwohnerzahl	Besonderheiten
Indien			
Russland			
China			

4 Findet heraus: Welche Flagge gehört zu welchem Land?

a) Wo könnt ihr nachschlagen?
b) Tragt die passenden Ländernamen ein.

5 Male diese drei Länder in der Karte auf Seite 17 farbig aus.

Das kann ich!

1 Das hast du über Afrika gelernt!
Ergänze die Sätze mit den passenden Wörtern.

Mitten durch Afrika verläuft der ______________________.
(Aquarium/Äquator)

Afrika besteht im Norden hauptsächlich aus ________________.
(Wüste/Wasser)

Die Wüste in Nord-Afrika heißt ________________.
(Sarah/Sahara)

In der Mitte Afrikas bestehen große Teile der Landschaft

aus ________________________.
(Regenbogen/Regenwald)

Der längste Fluss der Welt fließt durch Afrika und

heißt ________________.
(Null/Nil)

2 Asien ist ein Kontinent voller Rekorde.
Schreibe 3 Rekorde aus Asien auf.

1. Der höchste Berg der Erde liegt in Asien und heißt

______________________________________.

2. Der tiefste See ______________________________

______________________________________.

3. ______________________________________

____

______________________________________.

3 Welcher Kontinent ist das?

a) Sieh dir die Bilder genau an.
b) Schreibe den Namen der Kontinente unter das passende Bild.

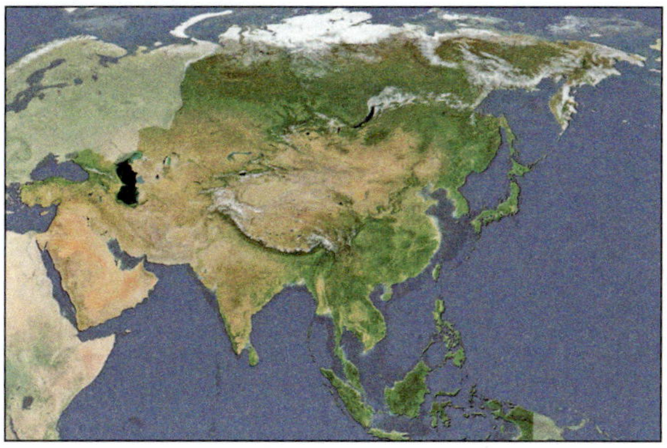

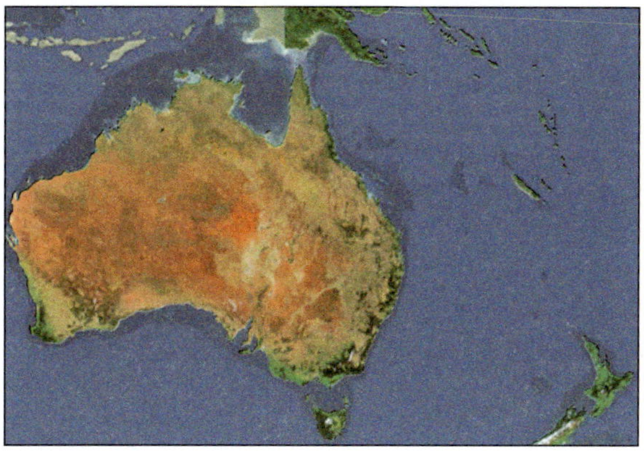

Kräfte der Erde

①

②

③

④

1 Was seht ihr auf den Bildern? Erzählt.

Wusstest du es schon?

1 Der größte Vulkan in Europa ist der Ätna.
2 Der Ätna liegt in Italien auf der Insel Sizilien.
3 Er ist seit 200 Jahren dauerhaft aktiv.
4 Weltweit gibt es noch viele aktive Vulkane.

5 Die Erdkruste ist wie ein riesiges Puzzle.
6 Sie besteht aus größeren und kleineren Platten.
7 Auf diesen Platten befinden sich die Kontinente und die Ozeane.
8 Über die Bewegung der Erdplatten erfährst du mehr in diesem Kapitel.

2 Erdbeben, Tsunami, Vulkanausbruch:
Was wisst ihr schon über diese Erscheinungen?

3 Ordnet die Bilder von der linken Seite zu den Begriffen.

Erdbeben: ☐ Vulkanausbruch: ☐ Tsunami: ☐

4 Beschreibe die Bilder auf der linken Seite.
Schreibe zu jedem Bild ganze Sätze auf.

Bild 1: *Auf dem Bild sehe ich*

→ das Erdbeben, zerstört, Häuser, Menschen, retten

Bild 2:

→ der Vulkan, bricht aus, heiß, Lava, fließt, Menschen, gefährlich

Bild 3:

→ der Tsunami, zerstört, die Städte am Meer, in Gefahr, Menschen

Bild 4:

→ eine Landstraße, kaputt, das Erdbeben, zerstört, die Verkehrswege

Der Aufbau der Erde

Erdbeben und Vulkanismus können wir nur verstehen und erklären, wenn wir den Aufbau der Erde kennen.

1 Schneidet einen Pfirsich auf.
a) Schaut euch die einzelnen Schichten des Pfirsichs an.
b) Beschriftet die Abbildung mit den passenden Wörtern.

Der schalenförmige Aufbau der Erde

So ähnlich wie der Pfirsich ist die Erde aufgebaut. Ihre Schale nennen wir Erdkruste. Die Erdkruste ist fest.

Was in dem Pfirsich das Fruchtfleisch ist, nennen wir bei der Erde Erdmantel. Es gibt einen oberen und einen unteren Erdmantel. Der obere Erdmantel ist zähflüssig*. Der untere Erdmantel ist teilweise fest.

Was in dem Pfirsich der Kern ist, heißt bei der Erde Erdkern. Es gibt einen äußeren und einen inneren Erdkern. Der äußere Erdkern ist flüssig. Der innere Erdkern ist fest.

* zähflüssig: teilweise flüssig oder dickflüssig, ähnlich wie der Honig

Nun dürft ihr den Pfirsich essen.

Der Aufbau der Erde

Hier siehst du eine Abbildung von der Erde.
So sieht die Erde von innen aus.

2 Beschrifte die Abbildung mit den passenden Begriffen.

äußerer Erdkern
innerer Erdkern
oberer Erdmantel
unterer Erdmantel
Erdkruste

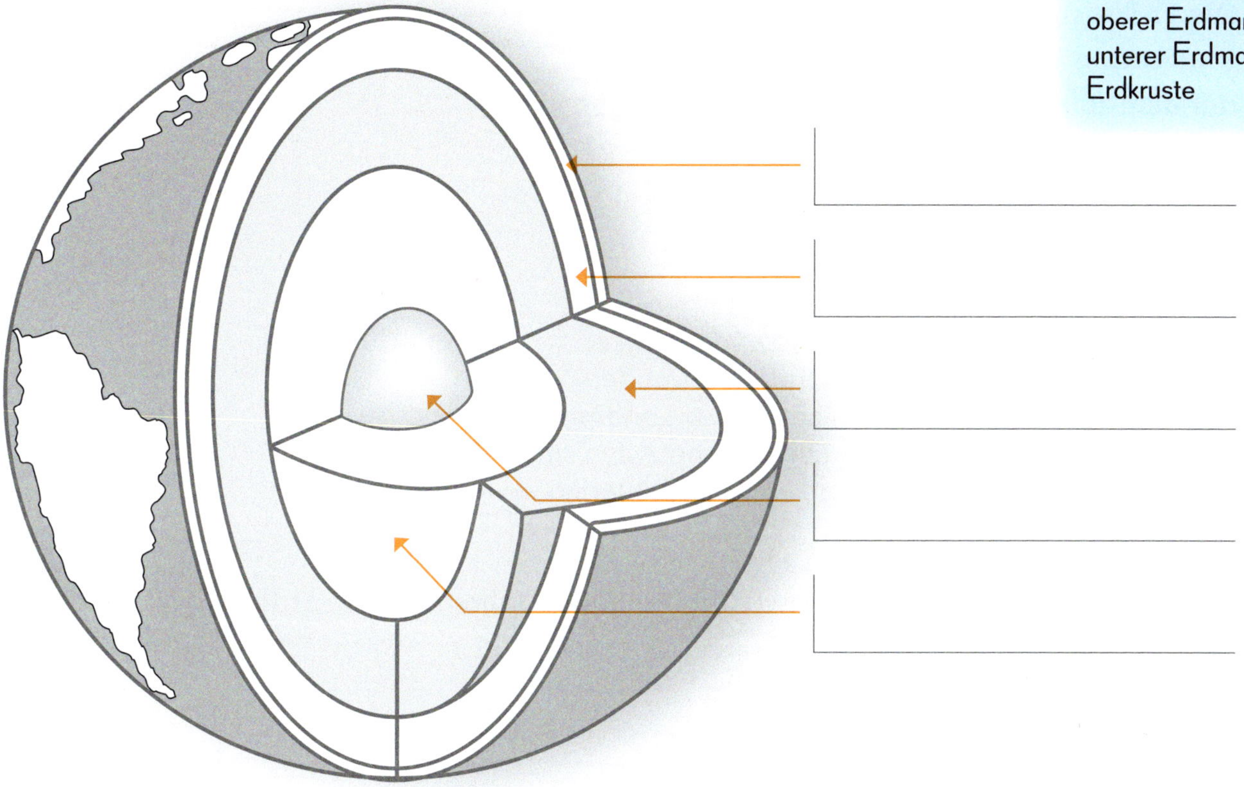

Welche Erdschichten sind flüssig oder zähflüssig?
Welche Schichten sind fest?

3 Male die Abbildung aus.

fest: rot
zähflüssig: orange
flüssig: gelb

Der schalenförmige Aufbau der Erde gibt uns Erklärung für die Entstehung von Erdbeben und Vulkanen.

Die Bewegungen der Erdkruste

Die Kontinente sind durch die Bewegungen der Erdkruste entstanden. Sie sahen nicht immer so aus wie heute.

Wie bewegt sich die Erdkruste?

Die Erdkruste besteht aus verschiedenen Platten. Die Platten liegen wie riesige Schwimmbretter auf dem zähflüssigen Erdmantel und bewegen sich darauf sehr langsam.

1 Sieh dir die Bilder an.

2 Schreibe neben die Bilder die passenden Sätze:
- Alle Kontinente sind miteinander verbunden.
- Der große Kontinent teilt sich in zwei Landmassen.
- Es gibt sieben Kontinente. Europa und Asien sind miteinander verbunden, ebenso wie Nord- und Südamerika.

Vor etwa 250 Millionen Jahren sah die Erde so aus:

Vor etwa 135 Millionen Jahren sah die Erde so aus:

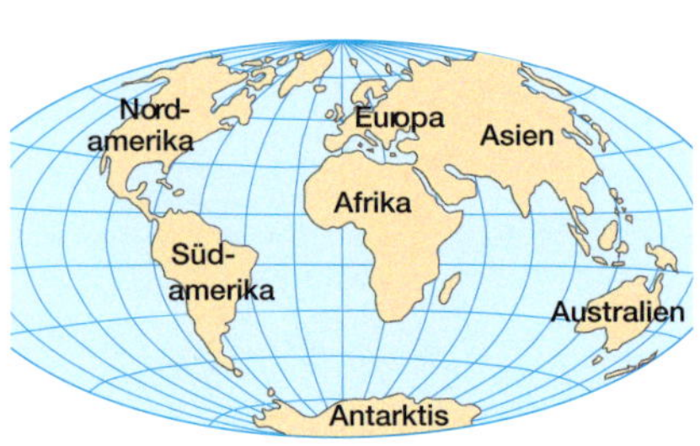

Heute sieht die Erde so aus:

Die Bewegungen der Erdkruste

Durch die Bewegungen der Erdplatten können auch neuer Meeresboden, hohe Gebirge und tiefe Gräben entstehen.

Wie bewegen sich die Platten?

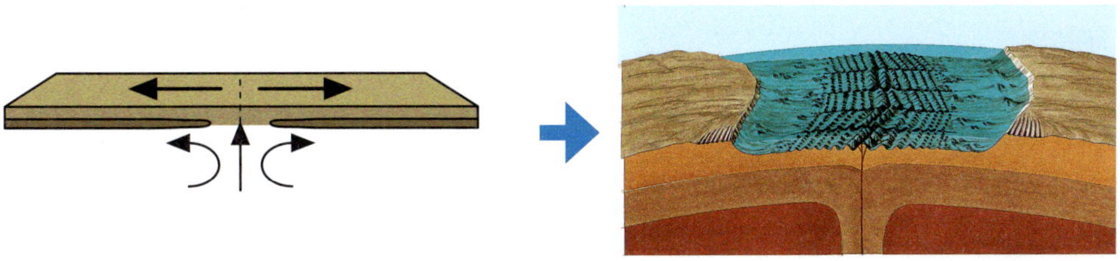

Wenn sich Platten voneinander weg bewegen, steigt die darunter liegende zähflüssige Masse auf. Auf diese Weise entsteht zum Beispiel neuer Meeresboden.

Wenn sich Platten aufeinander zu bewegen, schieben sich die Platten übereinander. Der Rand der oberen Platte wird zusammengedrückt, gefaltet und hochgehoben. Auf diese Weise entstehen sehr hohe Gebirge.

Wenn sich Platten aneinander vorbei schieben, passiert dies nicht gleichmäßig, sondern ruckartig. Solche Bewegungen bewirken Erdbeben. So entstand auch der tiefe Graben auf dem Bild.

3 Zeichne in die leeren Kästchen mit Pfeilen ein, welche Platten-Bewegungen zutreffen:
voneinander weg: ←→; aufeinander zu: →←; aneinander vorbei: →←

Ein Vulkan bricht aus!

Vulkane sind unberechenbare Berge. Sie können viele Jahre lang ruhig sein. Doch plötzlich werden sie wieder aktiv.

Ein Vulkan wird aktiv

Aus der Öffnung des Vulkans (Krater) treten zuerst heiße Dämpfe aus. Dann werden Asche und Gesteinsbrocken in die Luft geschleudert. Aus der Tiefe der Erde wird eine glühende, zähflüssige Gesteinsmasse nach oben gedrückt. Diese Masse nennen wir Magma.

In einer gewaltigen Explosion sprengt das Gestein den Krater frei. Die glühende Gesteinsmasse wird in die Luft geschleudert. Diese Masse nennen wir Lava.

Die Lava fließt den Berg hinab. Die Lava fließt oft schneller, als die Anwohner fliehen können. Oft werden Menschen, Tiere und Pflanzen unter der heißen tödlichen Lava und der Asche begraben.

Doch bald kehrt das Leben zurück. Aus Lava und Asche entwickelt sich fruchtbarer Vulkanboden. Die Menschen bauen ihre zerstörten Häuser am Fuß des Vulkans neu auf.

1 Was geschieht bei einem Vulkanausbruch?

Ein Vulkan bricht aus!

**Einen echten Vulkanausbruch kann man auf Fotos oder in einem Film erleben.
Ihr könnt einen Mini-Vulkan aber auch selber bauen.**

2 Lies die Bauanleitung Schritt für Schritt.

Das braucht ihr:

- 20 Gramm Zitronensäure (aus der Apotheke)
- 20 Gramm Natron (aus der Apotheke oder Drogerie)
- rote Lebensmittelfarbe
- ein kleines Marmeladenglas mit Schraub-Verschluss, einen Dosen-Pieker, einen Trichter, Sand, Wasser

Und so geht es:

1. Macht mit dem Dosen-Pieker ein Loch in den Deckel des Marmeladenglases. Das Loch muss so groß sein, dass das Rohr des Trichters hinein passt.
2. Füllt die Zitronensäure und das Natron in das Marmeladenglas und schraubt es gut zu.
3. Steckt den Trichter in den Deckel.
4. Vergrabt das Glas unter dem Sand. Die Trichter-Öffnung muss oben als Krater herausschauen. (Tipp: Wenn ihr den Sand etwas feucht macht, könnt ihr euren Vulkan besser in Form bringen.)
5. Färbt ein Glas Wasser mit roter Lebensmittelfarbe und gießt das Wasser durch den Trichter in den Krater.
6. Geht nun schnell ein paar Schritte zurück, denn der Vulkan bricht nun aus.

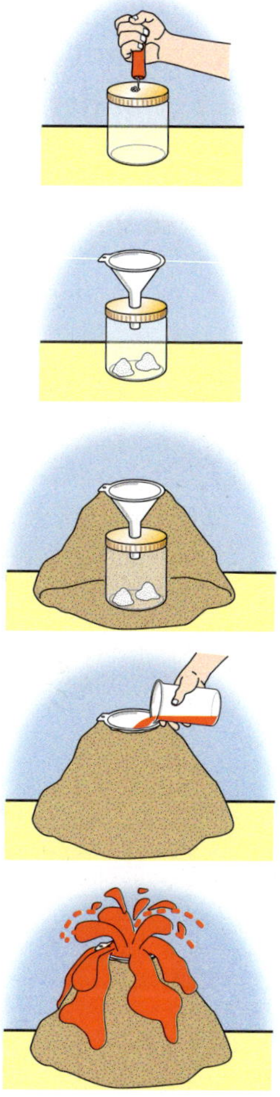

3 Baut einen Mini-Vulkan nach der Anleitung.

Was ist ein Erdbeben?

Erdbeben sind plötzliche Erschütterungen des Erdbodens.
Sie entstehen, wenn Platten sich aneinander vorbeischieben.

Täglich gibt es viele Erdbeben. Die meisten davon sind jedoch so schwach, dass man sie nicht spüren kann. Ab und zu werden sie jedoch so stark, dass sie Schäden anrichten. Auf dem Bild ist der San-Andreas-Graben (USA) zu sehen. Hier kann man gut erkennen, wie sich die Erde während eines Erdbebens 1906 gespalten hat.

Die Stelle, an der das Erdbeben am stärksten zu spüren ist, nennt man Epizentrum. Die Stärke des Erdbebens wird mit der Richter-Skala gemessen.

Diese verschiedenen Auswirkungen können Erdbeben haben:

☐ Es kommt zu Verwüstungen und katastrophalen Zerstörungen. Breite Risse im Erdboden treten auf, die meisten Gebäude werden zerstört.

☐ Leicht gebaute Häuser können schwer beschädigt werden und Menschen unter sich begraben.

☐ Das Erdbeben ist kaum zu spüren.

1 Das Erdbeben ist nicht spürbar und nur durch Instrumente nachweisbar.

☐ Feste Häuser werden beschädigt, Felsen stürzen ein, Erdrutsche treten auf.

☐ Die Erschütterungen werden von den meisten Menschen bemerkt.

☐ Die Erschütterungen werden von vielen Menschen gespürt, aber nicht immer als Erdbeben erkannt.

☐ Möbel können sich verschieben. Es gibt leichte Schäden.

So sind Erdbeben – die Auswirkungen

1 a) Lies die Sätze in den Kästen auf Seite 30 noch einmal.
b) Nummeriere die Sätze.
c) Trage diese Sätze in der richtigen Reihenfolge in die Tabelle ein.

Erdbeben-Stärke (Richter-Skala)	Auswirkungen
1	Das Erdbeben ist nicht spürbar und nur durch Instrumente nachweisbar.
2	Das Erdbeben ist
3	Die Erschütterungen werden
4	Die Erschütterungen werden
5	Möbel können
6	Leicht gebaute Häuser
7	Feste Häuser
8	Es kommt zu

Was ist ein Tsunami?

Wo sich Platten verschieben, können Erdbeben oder Seebeben entstehen. Seebeben können einen Tsunami auslösen.

1 Wie entsteht ein Tsunami?

→ Textknacker
1 Bild
4 Schlüsselwörter

So entsteht ein Tsunami

Das Seebeben löst Wellen aus. Die Wellen breiten sich in alle Richtungen aus. Auf dem Meer merkt man die gefährlichen Wellen kaum, da sie hier nur etwa einen halben Meter hoch sind. Wird das Wasser vor der Küste jedoch flacher, baut es sich zu sehr hohen Wellen auf. Sie können über 20 Meter hoch sein. Ein Seebeben muss ungefähr eine Stärke von 7,7 auf der Richter-Skala erreichen, um einen Tsunami auszulösen.

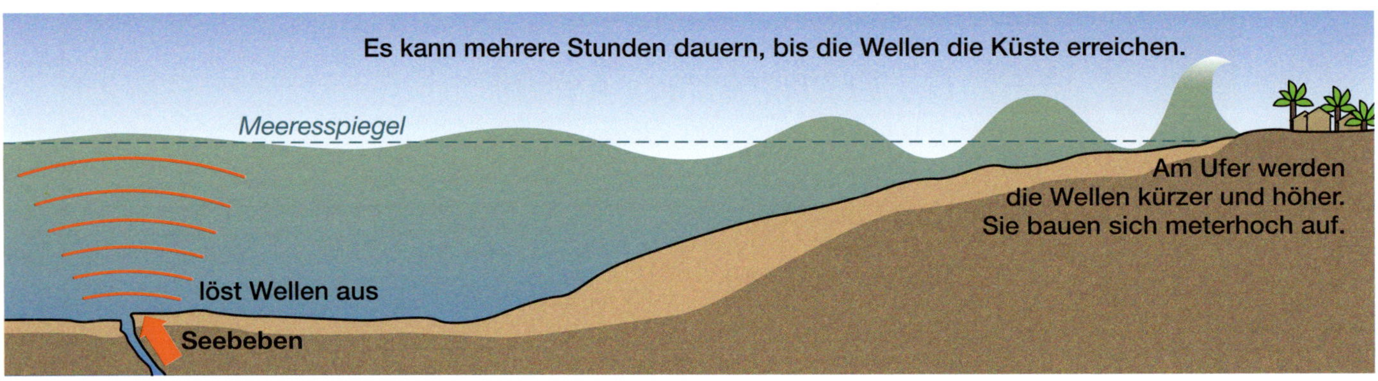

Die Entstehung eines Tsunami

Starke Tsunamis können katastrophale Schäden verursachen und ganze Küsten verwüsten. Eine solche Naturkatastrophe gab es 2004 im Indischen Ozean. Durch die Folgen dieses Seebebens der Stärke 9,1 starben mehr als 225 000 Menschen. Etwa 1,7 Millionen Menschen wurden obdachlos.

2 Was habt ihr über den Tsunami erfahren? Erzählt.
– Wie entsteht ein Tsunami?
– Was kann ein Tsunami verursachen?

Was ist ein Tsunami?

3 Kreuze die richtige Antwort an.

a) Wodurch entsteht ein Tsunami?

☐ Erdbeben ☐ Seebeben

b) Was wird durch ein starkes Seebeben ausgelöst?

☐ riesige Wellen ☐ riesige Wolken

c) Welche Stärke muss ein Seebeben mindestens erreichen, um einen Tsunami auszulösen?

☐ etwa 9,1 auf der Richter-Skala

☐ etwa 7,7 auf der Richter-Skala

d) Was passierte 2004 im Indischen Ozean?

☐ Ein starker Tsunami verwüstete die Küste.

☐ Ein starker Vulkanausbruch verwüstete die Küste.

e) Welche Folgen hatte dieser Tsunami?

☐ Unzählige Menschen fanden dort ein Zuhause.

☐ Unzählige Menschen starben oder verloren ihr Zuhause.

4 Sieh dir die Abbildung von der Entstehung eines Tsunamis genau an. Ergänze die Sätze mit passenden Wörtern.

Ein Tsunami entsteht durch ein ________________ im offenen Meer. Dieses Beben löst ________________ aus. Bis die Wellen die Küste erreichen, kann es mehrere ________________ dauern. Je näher die Wellen ans Ufer kommen, desto ________________ und ________________ werden sie. Am Ufer bauen sie sich ________________ auf. So können sie ganze Küsten wegspülen und ________________.

→ höher
kürzer
meterhoch
Seebeben
Stunden
verwüsten
Wellen

Das kann ich!

1 Wie heißen diese Natur-Ereignisse?
Schreibe den passenden Begriff unter das Bild.

____

____

____

____

2 Welche Schichten hat unsere Erde?
Trage ein.

Die äußere Schicht der Erde heißt ______________.

Darunter liegt der obere und der untere ______________.

Und ganz in der Mitte hat die Erde einen äußeren

und einen inneren ______________.

→ Hilfe findest du auf Seite 25.

3 Ergänze den Satz.

Erdbeben, Vulkanausbrüche und Tsunamis entstehen

durch ______________________________.

→ Hilfe findest du auf Seite 26.

4 Wie entsteht ein Vulkanausbruch?
Beschreibe es mit 2–3 Sätzen.

→ Hilfe findest du auf Seite 28.

5 Was passiert bei einem Erdbeben?
Beschreibe es mit 2–3 Sätzen.

→ Hilfe findest du auf Seite 30.

6 Was passiert bei einem Tsunami?
Beschreibe es mit 2–3 Sätzen.

→ Hilfe findest du auf Seite 32.

7 Welche Folgen können diese Naturkatastrophen für Menschen, Tiere und Natur haben? Sprecht in der Klasse darüber.

Die Kontinente
Nord- und Südamerika

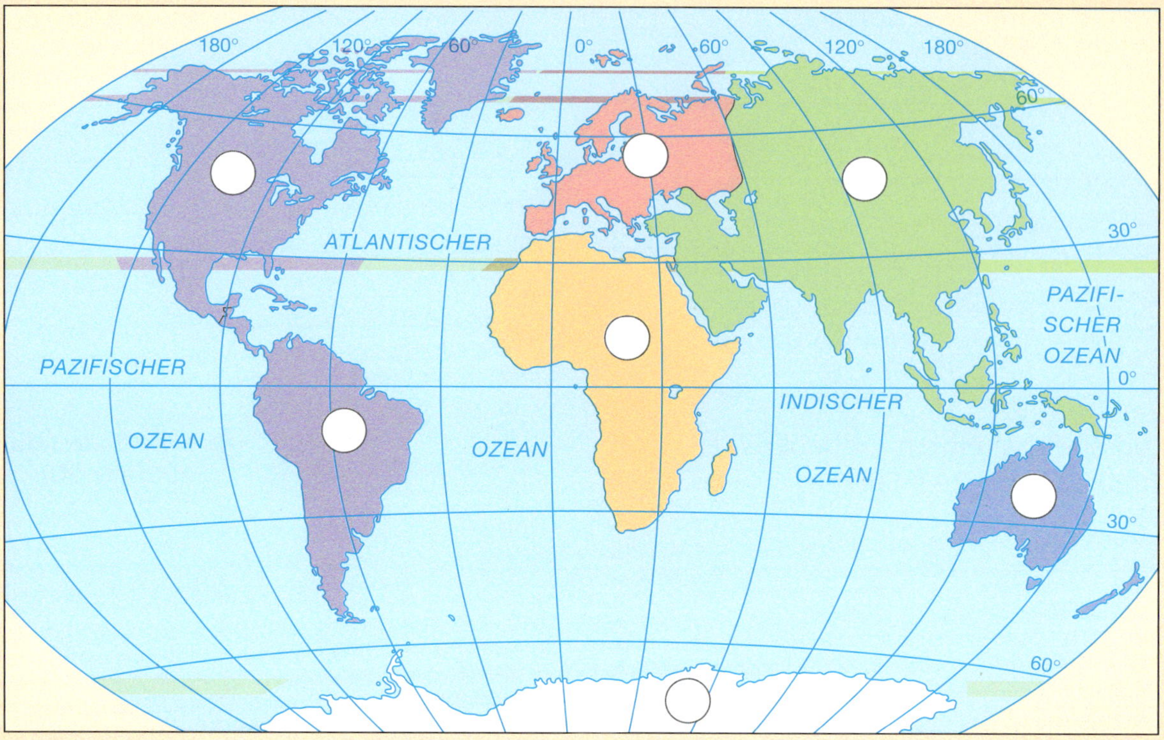

Unsere Erde besteht aus sieben Kontinenten: aus Nordamerika, Südamerika, Europa, Afrika, Asien, Australien und aus der Antarktis.

Der Doppelkontinent Amerika besteht aus Nord- und Südamerika. Die schmale Landbrücke, die Nord- und Südamerika miteinander verbindet, wird oft als Mittelamerika bezeichnet. In diesem Kapitel lernst du Amerika näher kennen. Dafür brauchst du einen Atlas.

1 Auf der Karte fehlen die Bezeichnungen für die Kontinente.
Trage die Nummern in die Karte ein:

Nordamerika ①
Südamerika ②
Europa ③
Afrika ④
Asien ⑤
Australien ⑥
Antarktis ⑦

2 Sieh dir die Karte genau an.
Welche Kontinente sind miteinander verbunden? Trage ein.

____________________ und ____________________

sind miteinander verbunden.

____________________ und ____________________

sind miteinander verbunden.

Hier seht ihr eine Bildcollage über Amerika.

➔ die US-Flagge
die Bluejeans
der Cowboy
der Cowboyhut
der Regenwald
der Tukan
die Vogelspinne

3 Was erfahrt ihr aus diesen Bildern über Amerika?
Überlegt gemeinsam, ob das Bild aus Nord- oder Südamerika ist.

4 Löse das Rätsel. Kreuze an.

	Nordamerika	Südamerika
Die Bluejeans kommt aus …	☒ (M)	☐ (A)
Die Vogelspinne lebt in …	☐ (B)	☐ (E)
Der Cowboyhut kommt aus …	☐ (X)	☐ (O)
Der Tukan lebt in …	☐ (H)	☐ (I)
Der größte Regenwald der Erde liegt in …	☐ (R)	☐ (K)
Die USA befinden sich in …	☐ O)	☐ (T)

Das Lösungswort heißt: M ___ ___ ___ ___ ___

5 Was wisst ihr sonst noch über Amerika?

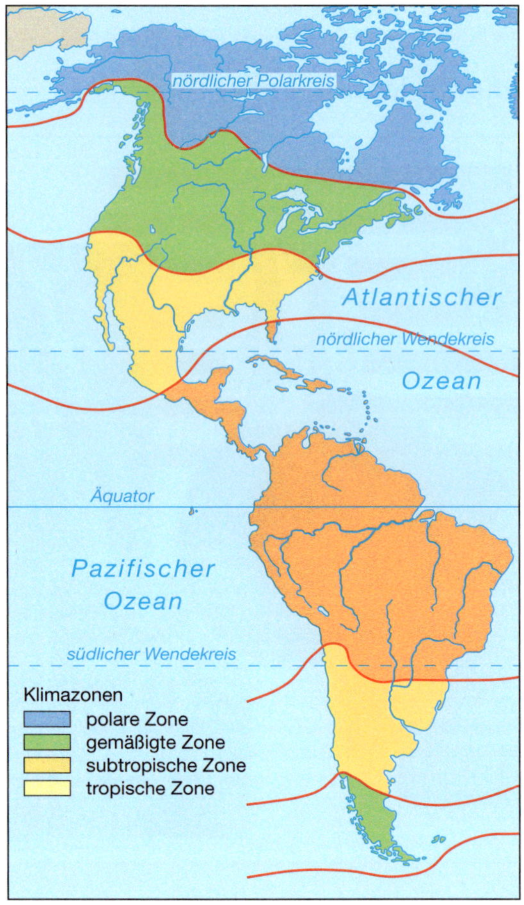

Wusstest du das schon?

Die Landschaft von Nord- und Südamerika besteht sowohl aus hohen Bergen als auch aus breiten Ebenen. Im Westen von Nord- und Südamerika erstreckt sich in Nord-Süd-Richtung ein langer Gebirgszug. Mit einer Länge von 15 000 Kilometern stellt er das längste Gebirge der Welt dar. In Nordamerika nennt man dieses Hochgebirge Rocky Mountains. In Südamerika heißt die Berglandschaft Anden.

In der Mitte von Nordamerika befinden sich breite Ebenen. Im Nordosten von Nordamerika liegt eine große Seenlandschaft. In Südamerika finden wir ebenso große, breite Ebenen. Am Äquator befindet sich der größte Regenwald der Welt. Hier fließt auch der Fluss Amazonas.

➔ Lexikon S. 110–114
Äquator

Amerika im Überblick

1 Beschreibe die Landschaft von Amerika so genau wie möglich.
Wende dazu die Schritte **2** und **4** zum Lesen einer Karte an.

→ So lese ich eine Karte
Umschlagklappe vorne

Im Westen von Nordamerika

2 Seht euch die Karten auf Seite 38 an.

a) Welche Klimazonen gibt es in Nordamerika?
b) Welche Klimazonen gibt es in Südamerika?

3 Seht euch die Fotos rechts mit den Wahrzeichen Amerikas an.
Was könnt ihr darauf erkennen?

Zu jedem Foto gehört eine Überschrift:

① Die brasilianische Stadt Rio de Janeiro mit ihrem berühmten Felsen, dem „Zuckerhut"

② Die Hochhäuser von New York

③ Der Panamakanal, der den Atlantik mit dem Pazifik für die Schifffahrt verbindet

④ Der Amazonas, der wasserreichste Fluss der Erde

⑤ Der Grand Canyon, mit 1800 m die tiefste Schlucht der Erde

⑥ Ein Regengott vor einem Tempel in Mexiko

4 Ordne die Überschriften den Fotos zu:
Schreibe die entsprechende Zahl in den leeren Kreis.

5 Übertrage die Zahlen in die Karte von Amerika auf Seite 38.
Nimm hierfür einen Atlas zu Hilfe.

Jugendliche in Nordamerika

**Jim, Pete und Donna leben in Nordamerika.
Ihre Wohnorte sind sehr unterschiedlich.**

→ State: der Bundesstaat
east coast: Ostküste
west coast: Westküste

Hello, my name is Jim. I live in New York City. That's in New York State on the east coast of the USA.

New York City ist die größte Stadt der USA, wir haben mehr als 8 Millionen Einwohner. Hier gibt es unglaublich viele Wolkenkratzer, zum Beispiel das Empire State Building, eines der höchsten Gebäude der Welt. Der Spitzname unserer Stadt lautet Big Apple. Weißt du, was das bedeutet?

Hello, I'm Pete. I live in Palo Alto, in the State of California. That's on the west coast of the USA.

Unsere Stadt liegt im „Silicon Valley“, in einem Tal, das für seine Computer-Industrie bekannt ist. Deshalb kennen viele unsere Stadt, obwohl wir nur knapp 60 000 Einwohner haben. Wir haben auch eine Universität. Hier haben zum Beispiel die Gründer von YouTube und von Google studiert. Der Nachteil unserer Gegend ist: Es gibt hier oft Erdbeben.

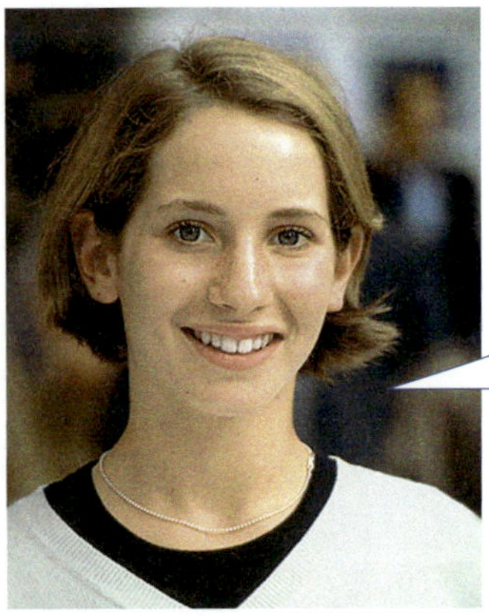

Hallo, ich heiße Donna. Ich komme aus der kanadischen Stadt Québec.

Québec liegt im Süd-Osten von Kanada in der Provinz Québec. Unsere Stadt hat knapp 750 000 Einwohner. Daran kannst du sehen, dass unsere Städte nicht sehr riesig sind. Die Stadt Québec hat eine alte Festungsanlage und wurde von der UNESCO zum Weltkulturerbe erklärt. In Kanada haben wir zwei offizielle Sprachen: Englisch und Französisch. Hier in Québec sprechen fast alle französisch.

1 a) Wo wohnen Jim, Pete und Donna?
b) Welche Sprachen sprechen die Jugendlichen?

Jugendliche in Nordamerika

2 a) Markiere in den drei Texten die Informationen, die etwas über den Wohnort, den Staat und die Einwohner aussagen.
b) Trage die Informationen in die Tabelle ein.

Name	Jim		
Stadt, Bundesstaat			
Staat, Lage			
Einwohner			
Besonderheiten			

3 Mithilfe der Informationen kannst du die drei Städte den drei Punkten auf der Karte zuordnen. Trage die Nummern ein.

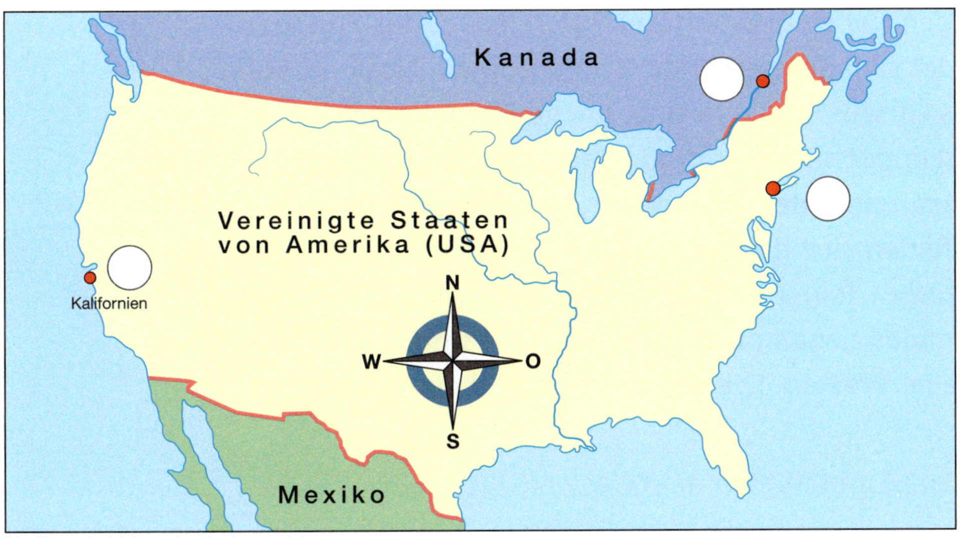

New York City (1)
Palo Alto (2)
Québec (3)

Die Vereinigten Staaten von Amerika

Oft spricht man von Amerika und meint eigentlich
die Vereinigten Staaten von Amerika (United States of America).
Du weißt nun schon, dass Amerika mehr ist als die USA.
Allerdings sind die USA ein sehr großer und vor allem mächtiger Staat.

Im Norden grenzen die USA an Kanada, im Süden an Mexiko.
Im Westen sind sie vom Pazifischen Ozean begrenzt,
im Osten vom Atlantischen Ozean.

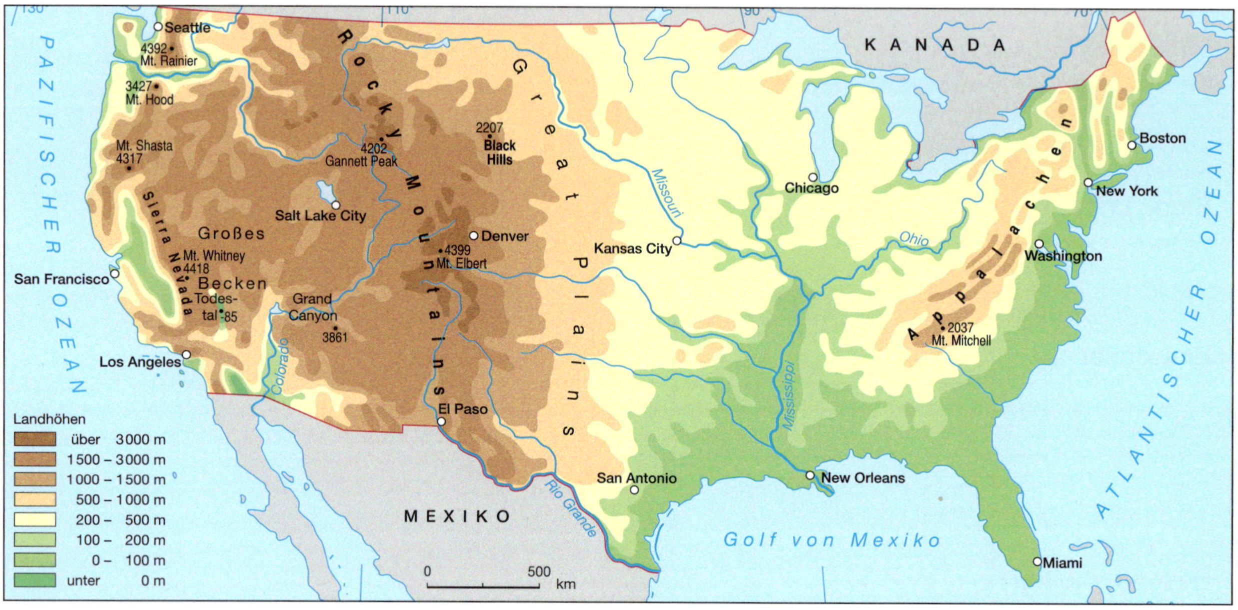

1 Welche Großlandschaften gibt es in den USA?

→ Textknacker
4 Schlüsselwörter

Die Großlandschaften der USA

Im Westen der Vereinigten Staaten befinden sich die Rocky Mountains. Dieses Hochgebirge gliedert sich in mehrere Gebirgszüge. Dazwischen liegen tief eingeschnittene Täler. Im Tal des Flusses Colorado befindet sich der berühmte Grand Canyon Nationalpark. In der Mitte des Landes liegen riesige, flache Ebenen, die Great Plains. Im Nordosten befindet sich eine große Seenlandschaft, die Great Lakes. Diese Seen sind miteinander verbunden. Zwischen dem Ontariosee und dem Eriesee befinden sich die Niagarafälle. Diese Wasserfälle zählen zu den berühmtesten Touristenattraktionen in Nordamerika. Im Osten des Landes liegen die Appalachen. Sie sind aber nicht so hoch wie die Gebirge im Westen. Die Appalachen sind ein Mittelgebirge.

2 Beschreibe die Großlandschaften der USA.

Die Vereinigten Staaten von Amerika

Die USA bestehen aus 50 Bundesstaaten.
Daher kommt auch der Name „Vereinigte Staaten".
Die 50 Sterne in der US-Flagge stehen für diese 50 Bundesstaaten.

3 Vergleiche diese Karte mit der Karte auf Seite 42.

→ So lese ich eine Karte Umschlagklappe vorne

a) Nenne zwei Bundesstaaten, die am Pazifischen Ozean liegen.

______________________ und ______________________

b) Nenne zwei Bundesstaaten, die in den Rocky Mountains liegen.

______________________ und ______________________

c) Nenne zwei Bundesstaaten, die in den Great Plains liegen.

______________________ und ______________________

d) Nenne zwei Bundesstaaten, die in den Appalachen liegen.

______________________ und ______________________

e) Nenne zwei Bundesstaaten, die am Atlantischen Ozean liegen.

______________________ und ______________________

f) Nenne zwei Bundesstaaten, die an Mexiko grenzen.

______________________ und ______________________

Mittelamerika ist anders

Mittelamerika besteht aus der schmalen Landbrücke zwischen den USA und Kolumbien. Dazu gehören die Länder Mexico, Belize, Guatemala, El Salvador, Honduras, Nicaragua, Costa Rica und Panama.
Außerdem gehören die Inseln im Karibischen Meer zu Mittelamerika.

Wusstest du das schon?

Mittelamerika zählt geografisch eigentlich zu Nordamerika. Dennoch wird Mittelamerika oft von Nordamerika unterschieden. Das hat viele Gründe. Einer davon ist die Landessprache. In fast allen mittelamerikanischen Ländern wird Spanisch gesprochen und nicht Englisch wie in den USA. Auch das Klima ist hier anders. In Nordamerika ist das Klima vorwiegend gemäßigt. In Mittelamerika ist es viel wärmer, hier ist das Klima subtropisch bis tropisch. Das feuchte und heiße Tropenklima ist ideal für den Anbau von Südfrüchten, Kaffee, Baumwolle und Zuckerrohr. In Mittelamerika leben viele Menschen von der Landwirtschaft. Auch der Tourismus ist hier sehr wichtig für die Wirtschaft. In Nordamerika hingegen arbeiten viel mehr Menschen in der Industrie und in Dienstleistungen.

1 Was habt ihr über Mittelamerika erfahren?

Mittelamerika ist anders

2 Suche im Text die Unterschiede zwischen Nord- und Mittelamerika. Trage sie in die Tabelle ein.

	Nordamerika	Mittelamerika
Sprache		
Klima		
Wirtschaft		

3 Hier siehst du Etiketten bekannter mittelamerikanischer Kaffee- und Bananenmarken. Aus welchem Land kommen diese Produkte?

a) Suche die entsprechende Zahl in der Karte links.
b) Notiere die Namen der Staaten neben dem Etikett.

① Chiquita

③ Cubita

② Del Monte

④ Café Pedro Fiesta

4 Findet heraus: Was bedeutet dieses Zeichen?

a) Sucht nach Informationen.
b) Schreibt hier eine Erklärung auf.

TRANSFAIR
FAIRTRADE

Südamerika: Der tropische Regenwald

1000 km nördlich bis 1000 km südlich vom Äquator liegt in Südamerika der größte tropische Regenwald der Erde. Dort ist die Temperatur gleichmäßig warm, es regnet sehr oft und in großen Mengen.

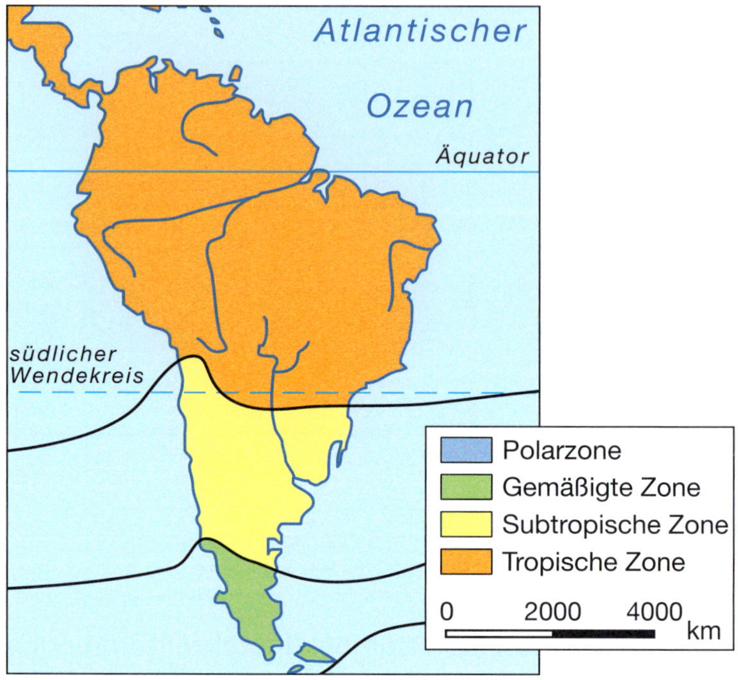

Pflanzen im Regenwald

Das Besondere am tropischen Regenwald ist der Stockwerkbau der Pflanzen. Während sich einige Bäume über 50 Meter hoch in den Himmel strecken, findet sich am Boden kaum noch Tageslicht. Am Boden können nur wenige Pflanzen gedeihen, zum Beispiel Farne. Dazwischen gibt es eine Vielzahl an unterschiedlich großen Bäumen. Zahlreiche Früchte, Blüten und sogar ganz andere Pflanzen wachsen auf diesen Bäumen. Da das Klima im tropischen Regenwald ganzjährig feucht und warm ist, gibt es in den Tropen keine Winterruhe und die Bäume bilden keine Jahresringe aus. Somit ist das Bestimmen des genauen Alters der Tropenbäume fast unmöglich.

Südamerika: Der tropische Regenwald

Nirgendwo leben so viele Tier- und Pflanzenarten wie hier.

Tiere im Regenwald

Viele Tiere leben unter und vor allem oben auf diesen Bäumen. Dazu zählen insbesondere Insekten und Spinnen, aber auch wunderschöne bunte Vögel sowie zahlreiche Affenarten. Zu den gefährlichsten Tieren des tropischen Regenwaldes zählen das Krokodil, die Schlangen und der Jaguar. Ständig entdecken Forscher neue Pflanzen und Tierarten.

1 Wo liegt der größte tropische Regenwald der Welt?

2 Schau dir das Bild des Stockwerkbaus der Pflanzen an. Welche Bezeichnungen für die verschiedenen Stockwerke findest du?

3 Wieso ist das Bestimmen des Alters von Tropenbäumen fast unmöglich?

4 Welche Tiere findet man noch im tropischen Regenwald? Schreibe die Namen der Tiere unter die Bilder.

das Faultier, der Tukan, die Anakonda, der Ameisenbär

5 Findet heraus: Warum sind die Regenwälder in Gefahr? Sammelt Informationen aus Sachbüchern und aus dem Internet. Stellt eure Ergebnisse in der Klasse vor.

Einen Kurzvortrag vorbereiten und halten: Südamerikas Staaten

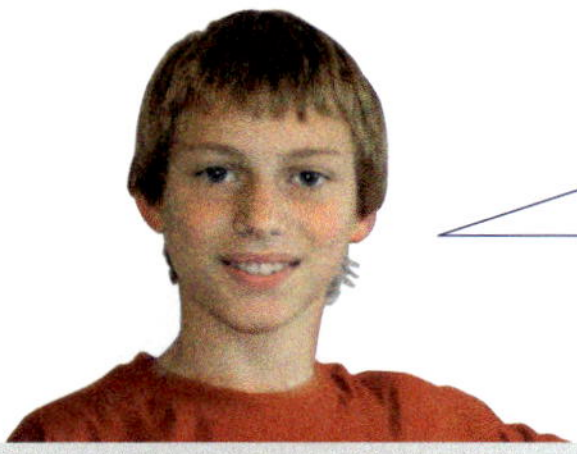

„Hier seht ihr meine Notizen über Ecuador. So kann ich euch diesen Staat gut vorstellen."

Staat: Ecuador

Flagge:

Lage in Südamerika: im Nord-Westen

Einwohnerzahl: etwa 14 Millionen

Größe: etwa 256 000 km^2

Landessprache: Spanisch

Einwohner der Hauptstadt: etwa 1,4 Millionen

Das habe ich über die Hauptstadt noch herausgefunden:

Quito liegt 2850m hoch in den Anden (Gebirge). Quito ist die zweitgrößte Stadt von Ecuador. Die Altstadt gehört zum Weltkulturerbe. Weitere große oder wichtige Städte: Guayaquil ist die größte Stadt von Ecuador.

Grenzverlauf/Nachbarstaaten: Ecuador grenzt im Norden an Kolumbien, im Osten und Süden an Peru und im Westen an den Pazifischen Ozean.

Das habe ich noch über den Staat herausgefunden:

Ecuador hat seinen Namen, weil es auf der Äquatorlinie liegt. Die Bevölkerung ist ziemlich jung: 40 Prozent der Einwohner sind jünger als 15 Jahre, nur 5 Prozent sind älter als 65. Der Präsident von Ecuador heißt: Rafael Correa. Ecuador ist nach Bolivien das zweitärmste Land Südamerikas.

1 Macht euch nun selbst Notizen über einen südamerikanischen Staat eurer Wahl. Ihr könnt auch zu zweit arbeiten.
Diese vier Schritte helfen euch dabei:

So geht ihr vor:

1. Sucht euch einen Staat aus.
   Unten auf dieser Seite findet ihr alle Staaten zur Auswahl.
   Sprecht euch mit euren Klassenkameraden ab, damit es am Ende nicht zwei Kurzvorträge über den gleichen Staat gibt.
2. Informiert euch über diesen Staat.
   Informationen findet ihr in Sachbüchern oder im Internet.
   Hilfreich sind auch ein Lexikon und ein Atlas.
3. Macht euch Notizen.
   Das kann so aussehen wie auf der linken Seite.
   Fügt eure eigenen Informationen ein.
   Vielleicht findet ihr sogar Bilder zu eurem Land?
4. Bereitet euren Kurzvortrag vor:
   Falls ihr zu zweit gearbeitet habt, einigt euch, wer welchen Teil übernimmt.
   Übt das Vortragen mindestens einmal für euch selbst.

2 Stellt nun mithilfe der Notizen eure Staaten in der Klasse vor.

Leben in den Polargebieten

Amerika ist ein sehr großer Doppelkontinent. Seine Ausbreitung reicht vom nördlichen Polarkreis fast bis zum südlichen Polarkreis.

Wusstest du das schon?

Der nördliche Polarkreis verläuft in Nord-Amerika durch die Länder Alaska und Kanada. Das Gebiet nördlich von diesem Breitengrad nennen wir Nordpolargebiet oder Arktis.

Der südlichste Teil von Südamerika ist eine Inselgruppe und heißt Feuerland*. Dieses Gebiet liegt nicht weit vom südlichen Polarkreis. Das Gebiet am Südpol nennt man Antarktis. Antarktis bedeutet: „der Arktis gegenüber liegend". Die Antarktis ist ein Kontinent. Die Antarktis ist das kälteste Gebiet der Erde. Es kann dort bis zu minus 90 °C kalt werden!

* Feuerland (spanisch: Tierra del Fuego) gehört zum Teil zu Argentinien, zum Teil zu Chile.

Die Antarktis

Die Antarktis liegt unter einer dicken Eisschicht. Die Berge und die Ebenen sind mit Eis bedeckt. Die Eisdecke kann bis zu 5000 Meter dick sein. Diese Eisschichten sind so hoch wie die höchsten Berge der Alpen! In dieser kalten Gegend gibt es keine Bevölkerung. Der Kontinent hat also keinen Staat, keine eigene Regierung und auch keine eigene Flagge. Dennoch leben und arbeiten hier zeitweise 1000 bis 4000 Menschen in über 80 Forschungsstationen: Hier am Südpol wird zum Beispiel das Klima erforscht. Denn die Polargebiete spielen eine wichtige Rolle für das Weltklima: Wie gigantische Eiswürfel sorgen sie für eine ständige Abkühlung von Luft und Wasser und beeinflussen so das Wetter auf der ganzen Erde. Diese Kälte können nur wenige Tiere und Pflanzen überleben. Pinguine sind die typischsten Bewohner der Antarktis.

1 Was habt ihr über die Antarktis erfahren?

2 In der Karte auf der linken Seite findest du die Zahlen von ①–⑥. Zu jeder Zahl gehört ein geografischer Name. Schreibe sie auf.

① ______________________ ④ ______________________

② ______________________ ⑤ ______________________

③ ______________________ ⑥ ______________________

→ Nordamerika
Südamerika
nördlicher Polarkreis
südlicher Polarkreis
Arktis
Antarktis

3 Vervollständige die Sätze:

Das Gebiet am Südpol heißt ______________________.

Dieses Wort bedeutet: ______________________________.

4 Was gibt es in der Antarktis nicht? Markiere.

Berge – eigene Bevölkerung – dicke Eisschichten – eigene Flagge – Forschungsstationen – eigene Regierung – Pinguine

Vervollständige den Satz:

Der Kontinent Antarktis hat keine ______________________

____.

Am Südpol befinden sich viele Forschungsstationen.
Auch deutsche Forscher arbeiten hier.

→ www.awi.de

5 Informiert euch über die deutsche Forschungsstation am Südpol. Wie heißt die Station? Was wird hier erforscht?

____

____

____

____

____

→ Alfred-Wegener-Institut für Polar- und Meeresforschung

Leben am Nordpol

**Das Gebiet am Nordpol nennen wir Arktis.
Hier leben seit etwa 5000 Jahren Menschen.**

1 Wer sind die Bewohner der Arktis? Wie können sie dort überleben? Wende die Schritte **1** bis **4** vom Textknacker an.

→ Textknacker Umschlagklappe hinten

Leben im ewigen Eis: die Inuit

Am Nordpol beginnt der Winter im September und dauert bis Mitte Juni. Im Sommer verschwindet für kurze Zeit das Eis nur an den Küsten rund um den arktischen Ozean. Auch im wärmsten Monat Juli bleibt die Temperatur unter 10 °C.

Trotz Kälte und Frost gibt es Menschen, die dort leben. Sie mussten sich den schwierigen Bedingungen anpassen. Sie entwickelten ein ganz besonderes Haus: das Iglu. Das Iglu ist ein rundes Haus aus Schnee- und Eisblöcken. Hier wohnten die Inuit während der Winterjagd.

Die Inuit lebten vom Fischfang und von der Jagd auf Robben. Für die Fortbewegung auf dem Eis benutzten sie Schlitten, die von Schlittenhunden gezogen wurden. So konnten sie auf die Jagd nach Füchsen und anderen Tieren gehen. Um immer dort zu sein, wo man gut jagen konnte, hatten die Inuit kein festes Zuhause. Sie lebten als Nomaden.

Früher wurden die Ureinwohner „Eskimos“ genannt. Übersetzt bedeutet das „Rohfleisch-Esser“. Aber die Ureinwohner bezeichnen sich selbst „Inuit“. Das bedeutet übersetzt „Mensch“. Heute ist der Name Inuit für dieses Volk allgemein anerkannt.

2 Was habt ihr über das Leben der Inuit erfahren?

3 Zu jedem Textabschnitt gehört eine Überschrift. Ordne zu.

Langer Winter – So heißen die Ureinwohner –
Ein ganz besonderes Haus – Unterwegs nach Nahrung

Das Leben der Inuit hat sich verändert.

4 Findet heraus: Wie leben die Inuit heute? Was hat sich alles verändert? Lies den Text und markiere die Antworten.

So leben die Inuit heute

Immer weniger Inuit leben heute nach den alten Traditionen ihrer Vorfahren. Iglus werden kaum noch gebaut. Die meisten Inuit leben in festen Siedlungen.

Heute gibt es kaum noch Hundeschlitten. Die Menschen bewegen sich mit Motorbooten und Schneemobilen fort. Da es heute große Fischfang-Flotten gibt, gehen die Inuit nur noch selten auf die Jagd. Viele von ihnen sind arbeitslos geworden und sind auf Geld vom Staat angewiesen.

Seit 1999 haben die Inuit einen eigenen Staat. Dieser Staat heißt „Nunavut“. Das bedeutet übersetzt „Unser Land“. Hier dürfen nur die Inuit jagen und fischen. Neue Arbeitsplätze entstehen im Bergbau, im Tourismus und im Kunsthandwerk.

5 Wie hat sich das Leben der Inuit verändert? Trage in die Tabelle ein.

	früher	heute
Behausung		
Fortbewegung		
Wovon lebten/ leben sie?		

Arktis und Antarktis im Vergleich

Die Gebiete um den Nordpol und den Südpol gehören zu den kältesten und lebensfeindlichsten Teilen der Erde. Die Landschaften sind vom ewigen Eis geprägt.

Findet heraus:
Welche Unterschiede gibt es zwischen den beiden Polargebieten?

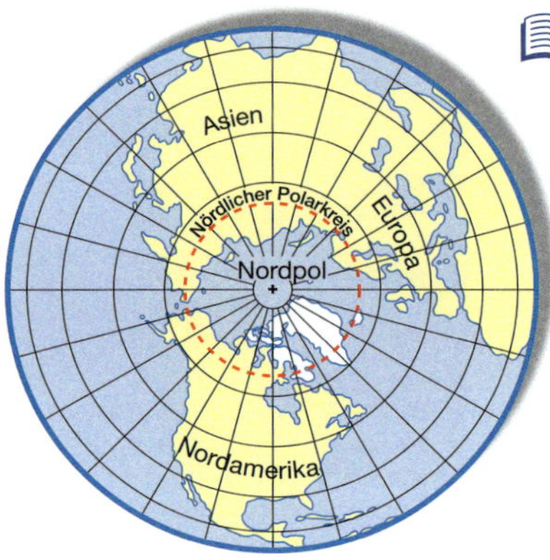

Die Arktis

Das nördliche Polargebiet umfasst das Nordpolarmeer, sein Küstengebiet und dessen Inseln. Das Meer wird von einer dicken Eisfläche bedeckt. Durch Wellenbewegungen zerbricht das Meereis in Schollen. Hier leben viele Robbenarten und der Polarbär. Die Arktis ist auch von Menschen bewohnt. Zu der Urbevölkerung gehören die Inuit.

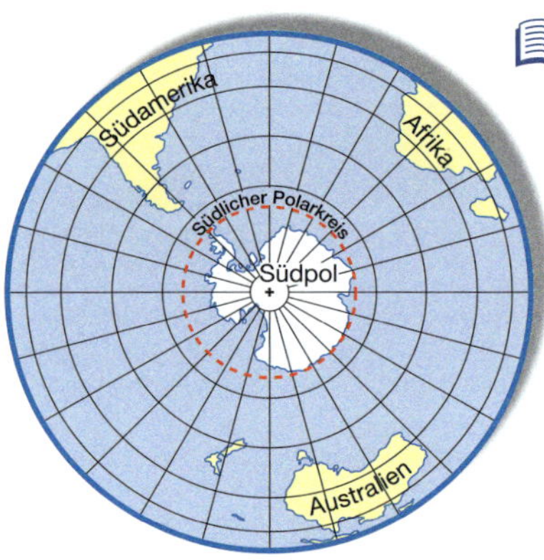

Die Antarktis

Das südliche Polargebiet ist ein Kontinent. Das Land wird von einer mächtigen Eiskappe bedeckt. Das Inlandeis ist mehr als 2000 Meter dick. Von dem Eis lösen sich oft riesige Eisberge ab. Die Antarktis ist das kälteste Gebiet der Erde. Hier leben einige Krebsarten, Wale und Pinguine. Die Antarktis hat keine einheimische Bevölkerung. Die Menschen, die zeitweise dort leben, arbeiten in verschiedenen Forschungsstationen.

1 Welche Unterschiede habt ihr gefunden? Markiere die Stellen im Text.

2 Schreibe jeweils drei wesentliche Merkmale auf:

Die Arktis	Die Antarktis

Das kann ich!

1 Das hast du über die Polargebiete gelernt!
Ergänze die Sätze mit den passenden Wörtern.

Das nördliche Polargebiet nennt man auch ____________ . (Arktos / Arktis)

Hier leben Menschen, die ____________ . (Inuit / Iglus)

Früher zogen sie als ____________ durch das Land. (Normannen / Nomaden)

Sie lebten während der Winterjagd in ____________ . (Inuit / Iglus)

Heute leben sie in festen ____________ . (Siedlungen / Sibirien)

Seit 1999 haben sie einen eigenen Staat, der ____________ heißt. (Nunchuck / Nunavut)

Das südliche Polargebiet heißt übersetzt „der Arktis gegenüberliegend": ____________ . (Antiarktis / Antarktis)

Hier gibt es keine einheimische Bevölkerung, sondern nur Menschen, die hier in ____________ arbeiten. (Fischkuttern / Forschungsstationen)

Sie erforschen zum Beispiel das ____________ . (Weltklima / Weltall)

Einzigartig für das südliche Polargebiet ist, dass es hier ____________ gibt. (Pinguine / Papageien)

2 Profi-Aufgabe: Am Seitenrand seht ihr drei verschiedene Tierarten. Welches Tier kommt sowohl in der Arktis als auch in der Antarktis vor? Informiert euch im Internet oder schlagt in einem Lexikon nach.

Nord- und Südamerika

1 Kennst du dich aus in Nordamerika?
Kreuze an, ob die Aussage richtig oder falsch ist.
Berichtige die falschen Aussagen wie im Beispiel.

	richtig	falsch
Der Name der USA bedeutet: „United States of Africa.“ *United States of America*	☐	☒
In Nordamerika liegen die USA und Kanada. __________	☐	☐
Die USA bestehen aus 50 Bundesstaaten. __________	☐	☐
Im Osten der USA befinden sich die Rocky Mountains. __________ __________ __________	☐	☐

2 Welches Wort passt? Ergänze den Lückentext über Mittelamerika.

Mittelamerika besteht aus einer schmalen Landbrücke zwischen den USA und __________.

Auch die Inseln im __________ gehören zu Mittelamerika.

Geografisch zählt Mittelamerika eigentlich zu __________.

→ Kolumbien / Kolumnen
Akribischen Meer / Karibischen Meer
Nordamerika / Südamerika

3 Ergänze die Namen der Staaten und der Hauptstädte in der Tabelle.
Die Karte auf Seite 49 oder ein Atlas helfen dir dabei.

Staat	Hauptstadt
Argentinien	______
Brasilien	______
______	Montevideo
______	Lima

4 Kreuze an, in welchem Teil Amerikas diese Länder liegen.
Nimm einen Atlas zu Hilfe, wenn du dir nicht sicher bist.

Kanada liegt in	☐ Nordamerika	☐ Mittelamerika	☐ Südamerika
Chile liegt in	☐ Nordamerika	☐ Mittelamerika	☐ Südamerika
Mexiko liegt in	☐ Nordamerika	☐ Mittelamerika	☐ Südamerika
Brasilien liegt in	☐ Nordamerika	☐ Mittelamerika	☐ Südamerika
Panama liegt in	☐ Nordamerika	☐ Mittelamerika	☐ Südamerika
Die USA liegen in	☐ Nordamerika	☐ Mittelamerika	☐ Südamerika

5 Was hat dich in diesem Kapitel besonders interessiert?
Worüber möchtest du noch mehr erfahren?

______

______

______

______

Am anderen Ende der Welt: Australien

Australien ist der Kontinent, der am weitesten von uns weg liegt: Wenn man von Europa nach Australien fliegt, ist man ungefähr einen Tag lang unterwegs.

Wusstest du das schon?

Australien ist gleichzeitig ein Kontinent und ein Staat. Die Hauptstadt von Australien heißt Canberra. Die größten Städte sind aber Melbourne und Sydney. Die Oper in Sydney ist wegen ihrer außergewöhnlichen Form weltberühmt. Australien ist für seine Vielfalt an Tieren bekannt: Hier ist der Koala-Bär zu Hause, ebenso wie der Emu und das Känguru.

Emu und Känguru finden sich auch im australischen Wappen wieder. Die Ureinwohner Australiens heißen Aborigines. Die meisten von ihnen leben allerdings heute nicht mehr so wie ihre Vorfahren. Sie haben sich der Zivilisation angepasst, ähnlich wie die Ureinwohner Amerikas, die Indianer. Der Ayers Rock ist ein Berg, der mitten in der Wüste steht. Von den Aborigines wird er Uluru genannt, das bedeutet: „Sitz der Ahnen“. Für die Aborigines ist dieser Berg heilig. In Australien liegt das größte Korallenriff der Erde: das Great Barrier Reef. Es ist ein beliebtes Ziel für Taucher. Als Weltkulturerbe der UNESCO steht es unter Naturschutz.

1 Siehe dir die Bilder genau an.

2 Suche im Text auf der linken Seite die Stellen, die etwas über die abgebildeten Orte, Menschen oder Tiere aussagen. Die hervorgehobenen Begriffe helfen dir dabei. Schreibe unter jedes Bild, was darauf zu sehen ist.

3 Überlegt gemeinsam, was ihr über Australien wisst. Worüber möchtet ihr noch mehr erfahren?

Wissenswertes über Australien

Fläche und Bevölkerung

Australien ist der kleinste Kontinent, aber der sechstgrößte Staat der Erde. Hier wohnen etwa 21 Millionen Einwohner auf ca. 8 Millionen km^2*. Das entspricht einer Bevölkerungsdichte** von 2–3 Einwohnern auf 1 km^2. Zum Vergleich: In Deutschland leben 231 Einwohner pro Quadratkilometer! Große Teile im Westen und in der Mitte Australiens sind unbewohnt. Diese Region ohne jegliche Zivilisation wird Outback genannt.

* km^2 = Quadratkilometer

** Bevölkerungsdichte = sie zeigt an, wie viele Einwohner auf einem Quadratkilometer leben. So kann man sehen, ob die Menschen dort weit auseinander oder mit vielen Menschen gemeinsam leben.

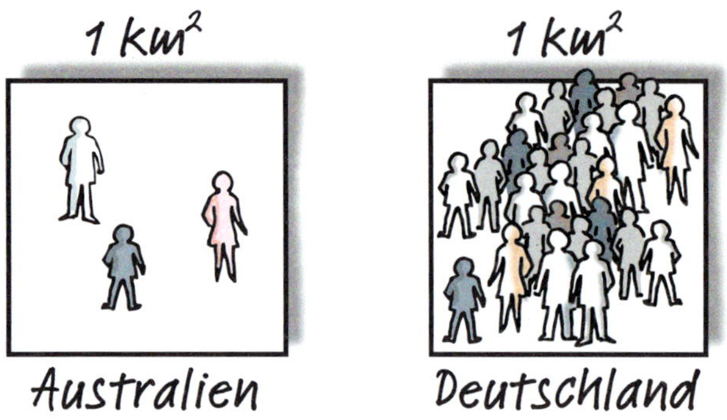

Die Ureinwohner

Australien ist seit etwa 40 000 Jahren von den Aborigines bewohnt. Sie gehören damit zu den ältesten Kulturen der Erde. Daher kommt auch der Name: „Aborigine" bedeutet übersetzt „von Anfang an da" und wurde den Ureinwohnern von den Einwanderern gegeben.

Die Einwanderer

Die Einwanderer kamen ab dem Ende des 18. Jahrhunderts nach Australien. Zu Beginn des 19. Jahrhunderts lebten im Gebiet um Sydney bereits 1800 weiße Einwohner. Die meisten von ihnen waren Strafgefangene aus Großbritannien, die ihre Strafe in Australien verbüßen mussten. Erst Ende des 19. Jahrhunderts wurden die Sträflings-Transporte eingestellt.

Australien heute

Heute ist Australien immer noch ein Einwanderungsland. Ein Viertel der heutigen Bevölkerung wurde nicht in Australien geboren. Die meisten Einwanderer kommen aus Neuseeland, Großbritannien und aus China.

Auf der Karte kannst du die Bevölkerungsdichte von Australien ablesen.

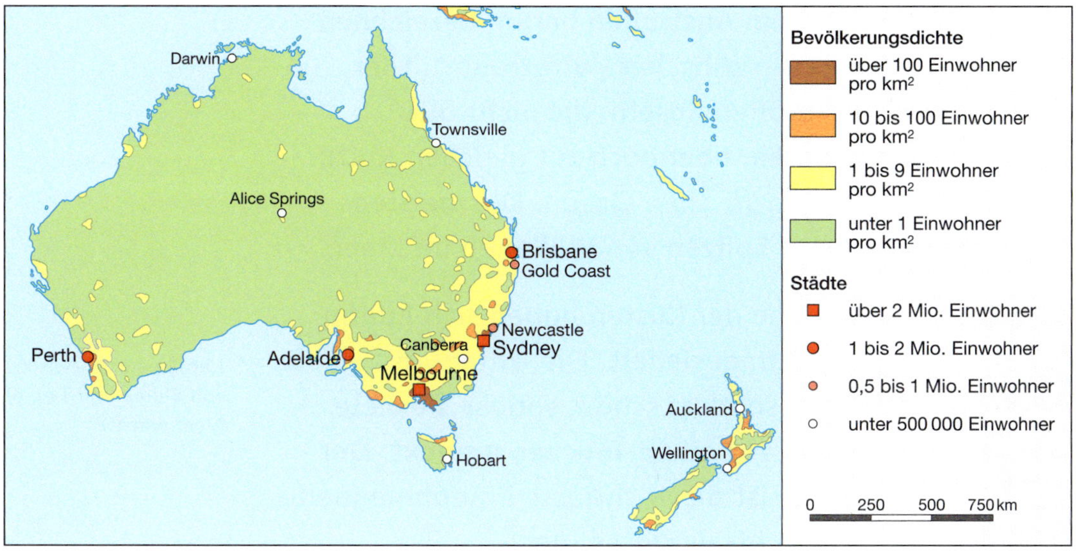

1 Suche auf der Karte und schreibe auf:

a) eine Stadt, in der über 100 Einwohner auf 1 km^2 wohnen: ______

b) eine Stadt, in der 1–9 Einwohner auf 1 km^2 wohnen: ______

c) einen Ort, in dem weniger als 1 Einwohner auf 1 km^2 wohnt: ______

2 Erkläre die folgenden Begriffe mit Hilfe des Textes auf der linken Seite.

Outback

______

______

Aborigines

______

______

Einwanderungsland

______

______

Rund um Australien

Der australisch-pazifische Kulturraum

Das Gebiet von Australien und um Australien herum bezeichnen wir mit dem Begriff „australisch-pazifischer Kulturraum“. Hier finden sich viele kleinere und größere Inseln, die nicht alle zum Kontinent Australien gehören, aber doch zur gleichen Kultur zählen. Diese Inseln liegen im Pazifischen Ozean. Die meisten dieser Inseln sind die sichtbaren Spitzen von Vulkanen im Meer.

In der Nähe der Küsten haben sich häufig Korallen* angesiedelt. Die Unterwasserwelt ist hier besonders schön, sodass sie viele Touristen, vor allem Taucher, anlockt. Der Tourismus ist die wichtigste Einnahmequelle von vielen Inselstaaten hier.

* Koralle = eine Zwischenform von Blume und Tier, die im Meer wächst

1 Was habt ihr über den australisch-pazifischen Kulturraum erfahren?

Die Datumsgrenze

Die Datumsgrenze ist eine gedachte Linie auf der Erdoberfläche. Diese Linie verläuft in der Nähe des 180. Längengrades im Pazifischen Ozean. Sie trennt nicht nur zwei Zeitzonen, sondern auch „heute und gestern“. Die Zeitzonen direkt östlich und westlich von der Datumsgrenze sind 24 Stunden voneinander entfernt. Wechselt man also über die Datumsgrenze von einer Zeitzone in die andere, so muss man mit einem ganzen Tag Zeitverschiebung rechnen. Die Inselstaaten, die westlich von der Datumsgrenze liegen, sind die ersten, die jedes Jahr zuerst Neujahr feiern können.

2 Überlegt gemeinsam: In welchem Inselstaat könnte Tom leben?

Rund um Australien

Für die weitere Arbeit brauchst du eine Karte vom australisch-pazifischen Kulturraum in deinem Atlas.

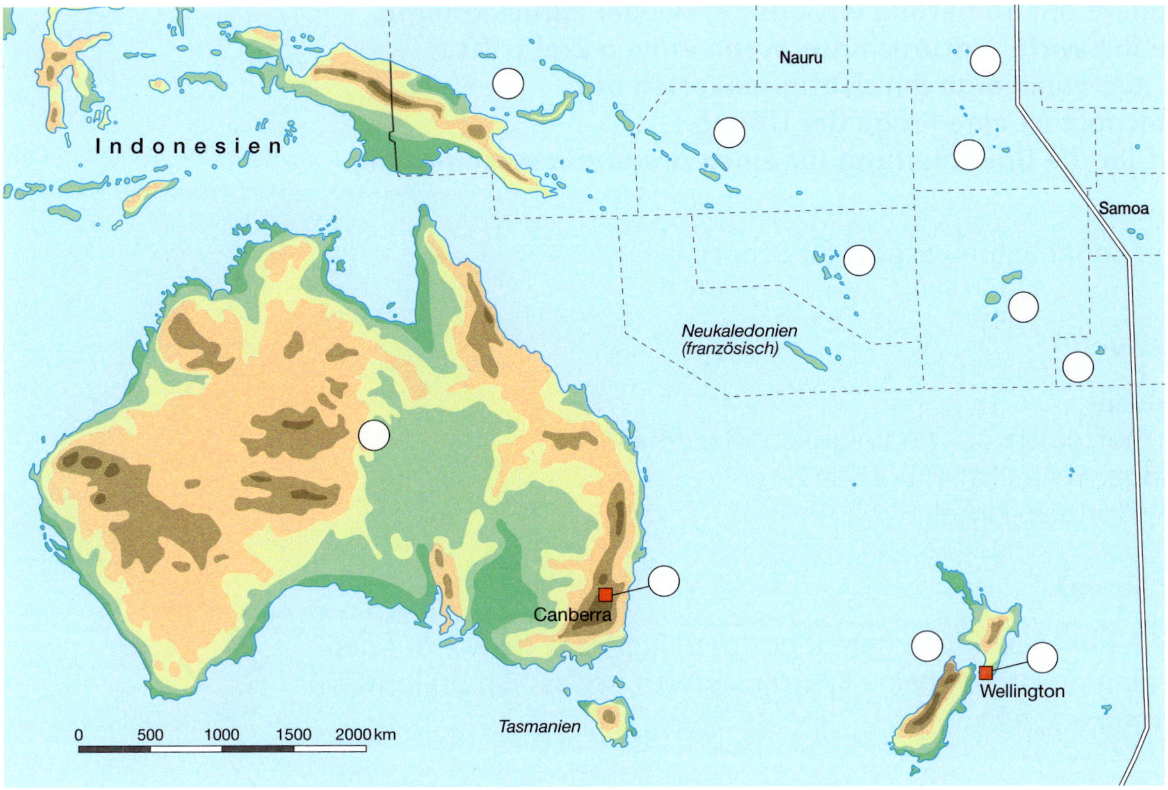

3 Suche folgende Länder oder Inselstaaten in deinem Atlas:

① Australien / ② Fidschi / ③ Kiribati / ④ Neuseeland /
⑤ Papua-Neuguinea / ⑥ Salomonen (Salomon-Inseln)
⑦ Tonga / ⑧ Tuvalu / ⑨ Vanuatu.

a) Trage die Nummern in die Karte hier im Heft ein.
b) Markiere die Datumsgrenze in der Karte rot.

4 Suche im Atlas die Hauptstädte von Australien und Neuseeland heraus. Wie heißen sie? Trage die Nummern ebenfalls in die Karte oben ein.

Die Hauptstadt von Australien heißt ______________________ ⑩

Die Hauptstadt von Neuseeland heißt ______________________ ⑪

5 Profi-Aufgabe: Siehe dir die Karte in deinem Atlas genau an. In welchem Inselstaat kann jedes Jahr zuerst Neujahr gefeiert werden?

____

Wir stellen einen Bumerang her

Die Ureinwohner Australiens, die Aborigines, jagten mit einer ganz besonderen Waffe: mit dem Bumerang. Das besondere am Bumerang ist, dass er wieder zurückkommt, wenn man ihn wirft. Natürlich nur, wenn er kein Ziel trifft. Und auch nur, wenn man ihn richtig geworfen hat. Die Wurftechnik ist eine Frage der Übung. Hier findet ihr die Bauanleitung für einen dreiarmigen Bumerang.

1 Lies die Bauanleitung Schritt für Schritt.

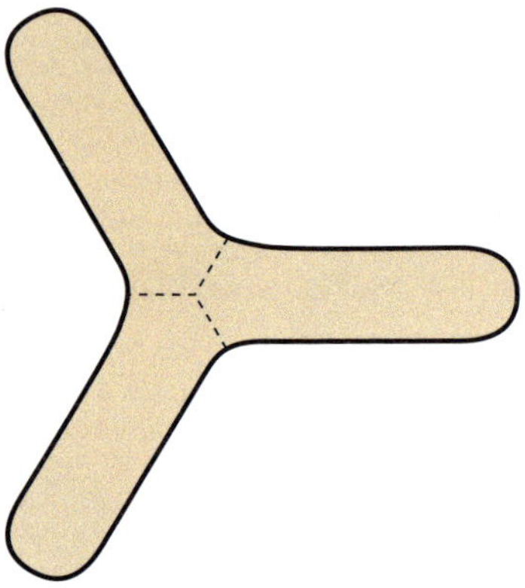

Bauanleitung

- Ihr braucht:
  1 Sperrholzplatte aus Pappelholz: 30 x 26 x 0,6 cm,
  Laubsäge, Feile, Schleifpapier
  Farbe, Klarlack, Pinsel

So geht ihr vor:

- Schneidet die Schablone genau aus und übertragt sie wie auf der Zeichnung dreimal auf eine Sperrholzplatte, sodass ein dreiarmiger Bumerang entsteht.

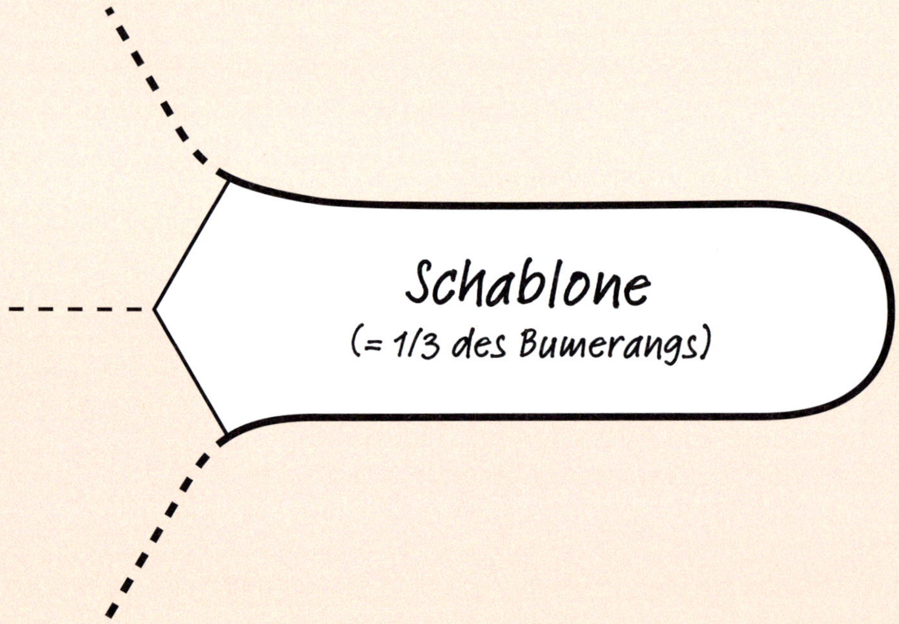

- Sägt den Bumerang mit einer Laubsäge aus.

Der Bumerang hat eine flache und eine gewölbte Seite.
Die gewölbte Seite wird mit einer Feile bearbeitet.

- Bearbeitet die gewölbte Seite mit einer Feile.
  Beachtet dabei genau die Anordnung der Profile:

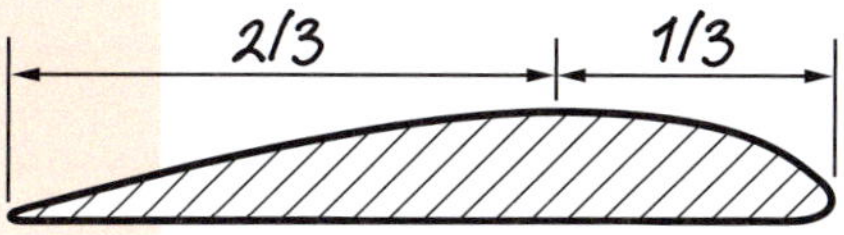

Dabei treten die verschiedenen Sperrholzschichten wie Höhen-Schicht-Linien hervor.

- Glättet den Bumerang mit Schleifpapier.
  Rundet die Kanten leicht ab,
  um Verletzungen beim Wurf zu vermeiden.
- Legt den Bumerang im Mittelpunkt auf einen Nagel,
  um zu sehen, ob alle Arme gleich schwer sind.
  Wenn es nötig ist, gleicht die Arme
  durch Feilen oder Schmirgeln aus.
- Ihr könnt den Bumerang bunt bemalen.
  Lackiert ihn anschließend mit Klarlack,
  damit die Farbe nicht abgeht.

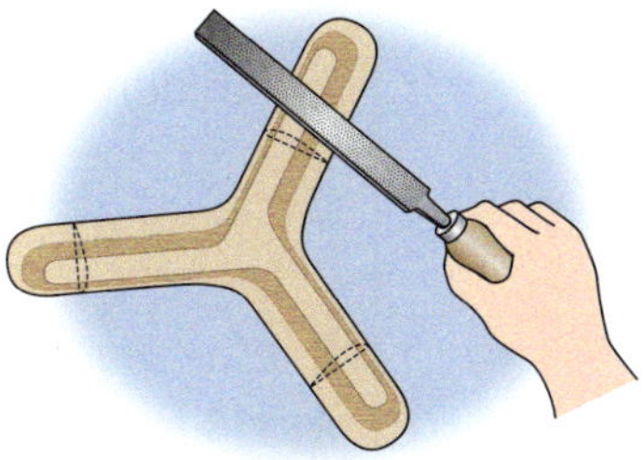

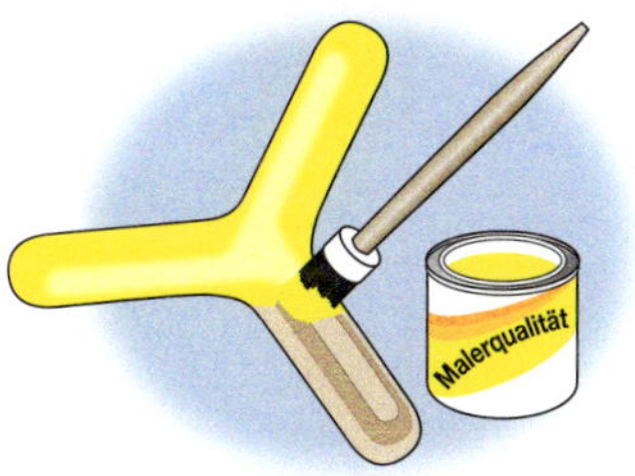

2 Fertigt einen Bumerang nach der Anleitung an.

Ihr könnt euren Bumerang auf einem freien Gelände ausprobieren.

Einen Bumerang werfen

Halte den Bumerang mit Daumen, Zeigefinger und Mittelfinger der rechten Hand. Die gewölbte Seite ist dabei nach links gerichtet. (Für Linkshänder gilt dies genau umgekehrt). Der Arm wird nach hinten gewinkelt und der Bumerang leicht schräg gestellt. Wirf ihn mit einer schwungvollen Bewegung so, als ob du den Erdboden in ca. 20–30 Meter treffen wolltest.

Führe Wurfübungen nur im freien Gelände weit weg von Häusern und Autos aus. Es wirft immer nur ein Schüler, und der sollte in einem großen Abstand von seinen Mitschülern stehen.

3 Informiert euch über die richtige Wurftechnik im Internet.

→ www.bumerangclub.de
www.rediboom.com

Das kann ich!

1 Richtig oder falsch? Kreuze an.
Berichtige die falschen Sätze wie im Beispiel.
Trage die passenden Lösungsbuchstaben am Ende der Aufgabe ein.

	richtig	falsch
1. Australien ist ein Kontinent, aber kein Staat.	☐ (B)	☒ (J)
2. Auf dem Wappen von Australien sind ein Koala-Bär und ein Emu zu sehen.	☐ (E)	☐ (A)
3. Eine viel besuchte Sehenswürdigkeit von Australien sind die Felsen Ayers Rock.	☐ (M)	☐ (N)
4. Australien ist der kleinste Staat der Erde.	☐ (I)	☐ (E)
5. Die unbewohnte Gegend im Westen und in der Mitte Australiens wird Inback genannt.	☐ (T)	☐ (S)
6. Australien ist seit etwa 40 000 Jahren von den Indianern bewohnt.	☐ (K)	☐ (C)
7. Australien ist ein Einwanderungsland.	☐ (O)	☐ (L)
8. Neuseeland liegt westlich von Australien.	☐ (U)	☐ (O)
9. Das Wurfgerät der Aborigines heißt Bumerang.	☐ (K)	☐ (C)

Der erste Europäer, der Australien 1770 erreichte, war

der englische Seefahrer __ __ __ __ __   __ __ __ __ .
1 2 3 4 5   6 7 8 9

2 Nenne drei große Städte in Australien.

Nenne drei Inseln im australisch-pazifischen Kulturraum.

3 Warum besuchen viele Touristen Australien und die Inselstaaten im Pazifischen Ozean? Schreibe zu jedem Bild 2 Sätze auf.

4 Was hat dich an diesem Kapitel besonders interessiert? Worüber möchtest du mehr erfahren?

Lebensbedingungen in Ballungsräumen

In Ballungsräumen leben sehr viele Menschen. Ballungsräume sind Großstädte oder Regionen, in denen mehrere große Städte nah beieinanderliegen. Es gibt dort meist viel Industrie und Gewerbe. Es gibt viele Verkehrsanbindungen. Ballungsräume liegen oft an wirtschaftlich günstigen Plätzen: an Flüssen, am Meer oder in Gebieten mit Bodenschätzen.

Ballungsräume haben eine hohe Bevölkerungsdichte*. Hier leben mehr als eintausend Menschen auf 1 km^2.

Der größte Ballungsraum der Erde ist Tokio. Hier leben über 33 Millionen Menschen. Deutschlands größter Ballungsraum ist das Rhein-Ruhrgebiet. Hier leben fast 6 Millionen Menschen.

* Bevölkerungsdichte = Anzahl der Einwohner auf 1 km^2

1 Welche Ballungsräume kennt ihr?

Das Ruhrgebiet entstand durch das Zusammenwachsen mehrerer Städte.

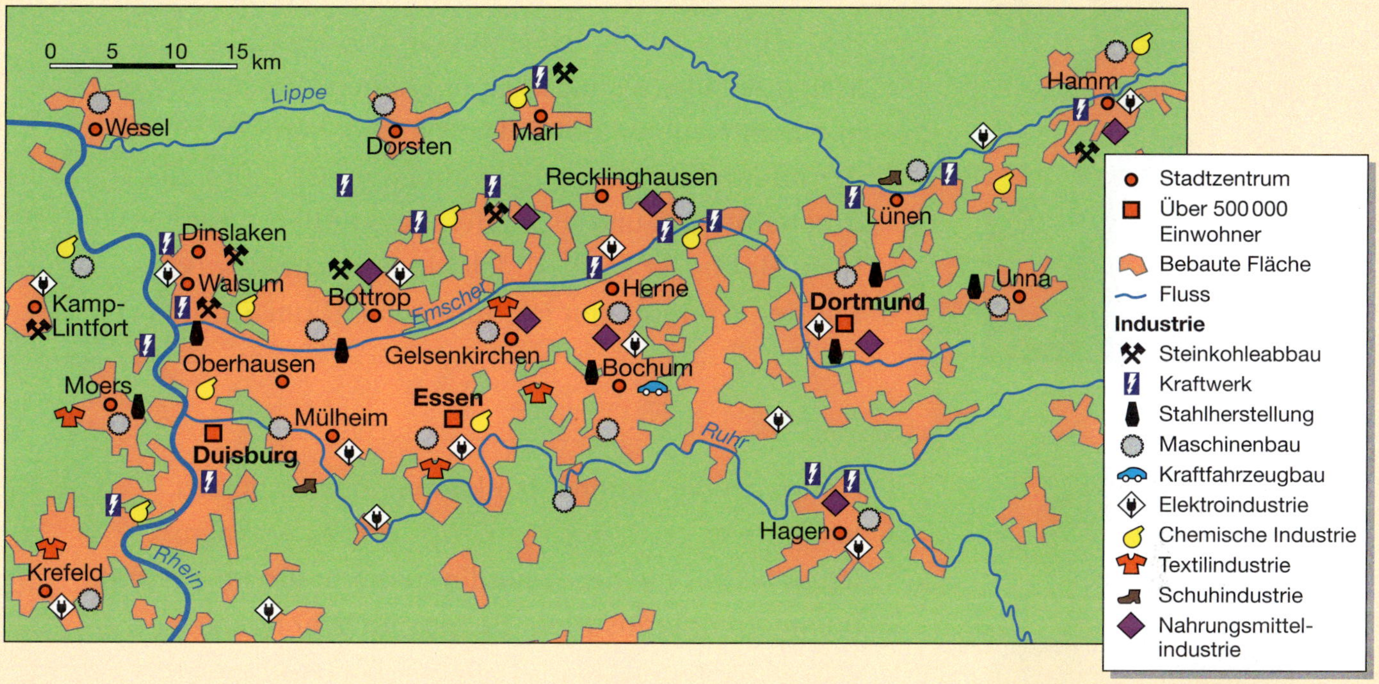

2 Aus welchen Städten ist das Ruhrgebiet entstanden?

→ So lese ich eine Karte Schritt 2

____

____

____

3 An welchen Flüssen liegt das Ruhrgebiet?

__________ __________ __________

4 Sieh dir die Symbole an.
Erkläre, warum das Ruhrgebiet hier entstanden ist.

→ So lese ich eine Karte Schritt 4

____

____

____

____

____

In einem Ballungsgebiet leben

Mario, Nadine und Frau Müller leben in verschiedenen Ballungsgebieten in Deutschland.

Hey, ich bin Mario. Ich wohne in Duisburg. Meine Familie wohnt in einer kleinen Wohnung in einem Neubaugebiet. Die Wohngegend ist ziemlich heruntergekommen. Hier wohnen meist Leute, die arbeitslos sind und nicht viel Geld haben. Mein Hobby ist Fußball. Ich bin Fan von Schalke. Mit der S-Bahn kann ich ganz schnell am Stadion sein.

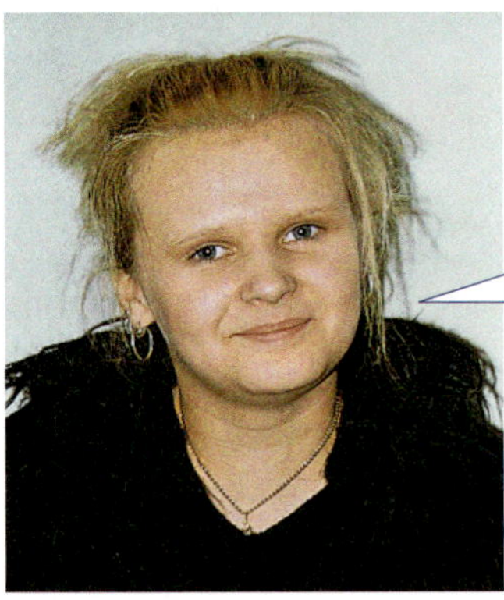

Hallo, ich bin Nadine. Ich komme aus Hamburg. Ich finde es cool, in einer Großstadt zu wohnen. Ich gehe mit meiner Freundin gerne in die Innenstadt bummeln oder ins Kino. Bei uns im Wohngebiet gibt es auch ein Jugendzentrum. Da ist immer was los. Aber in unserer Gegend gibt es auch Typen, die Drogen verkaufen. Die sind mir unheimlich.

Ich bin Claudia Müller. Ich wohne mit meinen Kindern in Stuttgart. Wir wohnen ganz verkehrsgünstig. Es ist nicht weit bis zum Supermarkt, zur Schule, zum Spielplatz und zum Arzt. Aber unsere Wohnung liegt an einer viel befahrenen Straße. Die vielen Autos verschmutzen die Luft. Die Kinder bringe ich immer zur Schule, denn der Weg ist zu gefährlich.

1 Wo wohnen Mario, Nadine und Frau Müller?

2 Wo liegen diese Orte?
Schlage in einem Atlas nach.

In einem Ballungsgebiet leben

3 Welche Vorteile und Nachteile hat es, in einem Ballungsgebiet zu wohnen?
Unterstreiche in den Texten die Vorteile blau und die Nachteile rot.

4 Schreibe hier die Vorteile und die Nachteile auf.

Vorteile	Nachteile

5 Arbeite mit einem Partner. Fallen euch weitere Vor- und Nachteile ein?
Sprecht darüber und schreibt sie auf. Die Bilder helfen euch.

Vorteile	Nachteile

6 In welchem Teil von Deutschland wohnst du?
Wie heißt der Ballungsraum in deiner Nähe?

Mexiko City – die Metropole in Mittelamerika

1 Betrachtet die Bilder von Mexiko City. Was könnt ihr sehen?

Mexiko City ist die Hauptstadt von Mexiko.
In der Stadt und ihrer Umgebung leben über 22 Millionen Menschen.
Mexiko City ist die drittgrößte Stadt der Erde.

Mexiko City, Innenstadt –
hier wohnt und arbeitet Louis.
Er erzählt:

„Ich arbeite bei einer Versicherung. Unsere Büros sind in einem schicken Gebäude direkt in der Innenstadt von Mexiko City. Mit meiner Familie lebe ich in einer Wohnung in der Nähe des Stadtzentrums. Mit dem Bus bin ich schnell bei der Arbeit. Ich finde die Stadt toll. Man kann gut einkaufen. Es gibt schöne Cafes und Restaurants."

Mexiko City

Gleich hinter dem Flughafen versteckt Mexiko City seinen Müll. Hier wühlen tausende Menschen im Müll auf der Suche nach verwertbaren Sachen. „Wir leben vom Müll", erzählt Sergio, ein Straßenfeger. „In den Müllbergen arbeiten außerdem die „pepenadores" – die Mülltrenner. Viele leben in den Müllbergen. Die meisten sind schwer krank, weil sie den Müllstaub einatmen. Alt wird in diesem Job niemand ..."
(abgewandelt von Nils Brock „Weltsichten")

Mexiko City – die Metropole in Mittelamerika

2 Vergleiche das Leben von Louis und Sergio in Mexiko City.

Louis …	Sergio …

Pedro ist ein Landarbeiter. Er will auch nach Mexiko City ziehen.

3 Weshalb will Pedro sein Land verlassen und nach Mexiko City ziehen?

4 Warum will sein Freund ihn davon abhalten?

Mexiko City – eine Stadt wächst

Mexiko City ist in wenigen Jahren unkontrolliert gewachsen. Viele Menschen ziehen vom Land in die große Stadt – in der Hoffnung auf ein besseres Leben.

Eine Großstadt voller Gegensätze

In den letzten 50 Jahren sind Tausende von Menschen vom Land in die große Stadt gezogen. Aber es gibt nicht mehr genügend Wohnungen oder sie sind zu teuer. Viele Menschen in Mexiko City leben in Elendsvierteln am Rande der Stadt.

Riesige Mengen Müll und Abwasser müssen entsorgt werden. Der Straßenverkehr nimmt zu. Die Luftverschmutzung ist ein großes Problem. Auch das Trinkwasser wird bald knapp. Aufgrund der Luftverschmutzung und der mangelnden Hygiene erkranken viele Menschen in der Stadt.

Es gibt nicht genug Arbeitsplätze. Mit der Armut nimmt die Kriminalität zu. Jeden Tag finden ca. 500 Gewaltverbrechen statt. Viele Kinder leben einfach auf der Straße. Straßenkinder müssen allein zurechtkommen. Einige können für ihr Essen arbeiten. Manche Kinder betteln oder klauen.

Aber es gibt auch das reiche Mexiko City. Viele wohlhabende Menschen wohnen in prachtvollen Villen. Sie arbeiten in modernen Bürohäusern. Es gibt hier auch riesige Einkaufszentren. In Mexiko City steht die größte Universität Mittelamerikas. Dennoch gibt es insgesamt nicht genügend Ärzte und Schulen. Viele Menschen in Mexiko City können weder lesen noch schreiben.

Mexiko City – eine Stadt wächst

1 Vergleiche das arme und das reiche Mexiko City.
Die Schlüsselwörter im Text auf Seite 74 helfen dir dabei.

das arme Mexiko City	das reiche Mexiko City
Elendsviertel	Villen
Armut	

2 Welche Probleme der Stadt betreffen sowohl die Armen als auch die Reichen? Markiere die Antwort im Text.

3 Schreibe zu jedem Bild einen passenden Satz.

Ein Verlaufsdiagramm lesen

Hier siehst du ein Verlaufsdiagramm.
Das Diagramm zeigt die Entwicklung der Weltbevölkerung bis 2008.

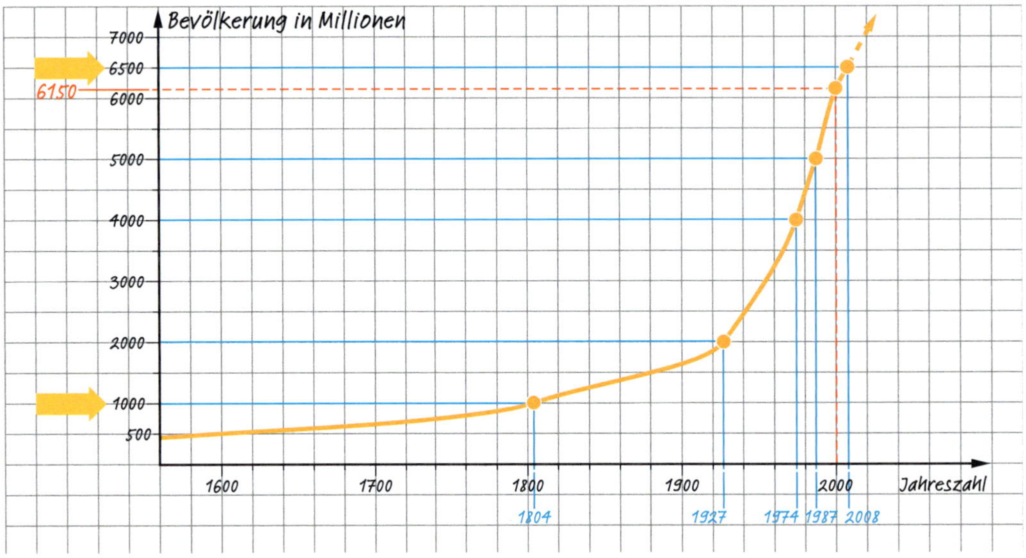

So kannst du das Diagramm lesen

- Oben findest du das Thema, zu dem das Verlaufsdiagramm erstellt wurde.
- Unten findest du die Leiste mit den Jahreszahlen.
  Hier kannst du von links nach rechts die Jahreszahl ablesen.
- Links findest du die Leiste mit den Bevölkerungszahlen.
  Hier kannst du von unten nach oben die Bevölkerungszahl ablesen.

Der erste Punkt gilt für das Jahr 1804.
Im Jahr 1804 lebten 1000 Millionen Menschen auf der Erde.
Für das Jahr 2000 verläuft die Kurve bei der Bevölkerungszahl 6150.
Im Jahr 2000 lebten 6150 Millionen Menschen auf der Erde.

1 Lies nun ab, wie viele Menschen im Jahr 2008 auf der Erde lebten.
Kreuze die richtige Zahl an.

☐ 6000 Millionen ☐ 6150 Millionen ☐ 6500 Millionen

Ergebnis:
In den letzten 200 Jahren wuchs die Weltbevölkerung von 1000 Millionen auf 6500 Millionen Menschen.
Die Weltbevölkerung wuchs um mehr als das Sechsfache.

Aus diesem Verlaufsdiagramm kannst du ablesen, wie die Bevölkerung von Mexiko City gewachsen ist.

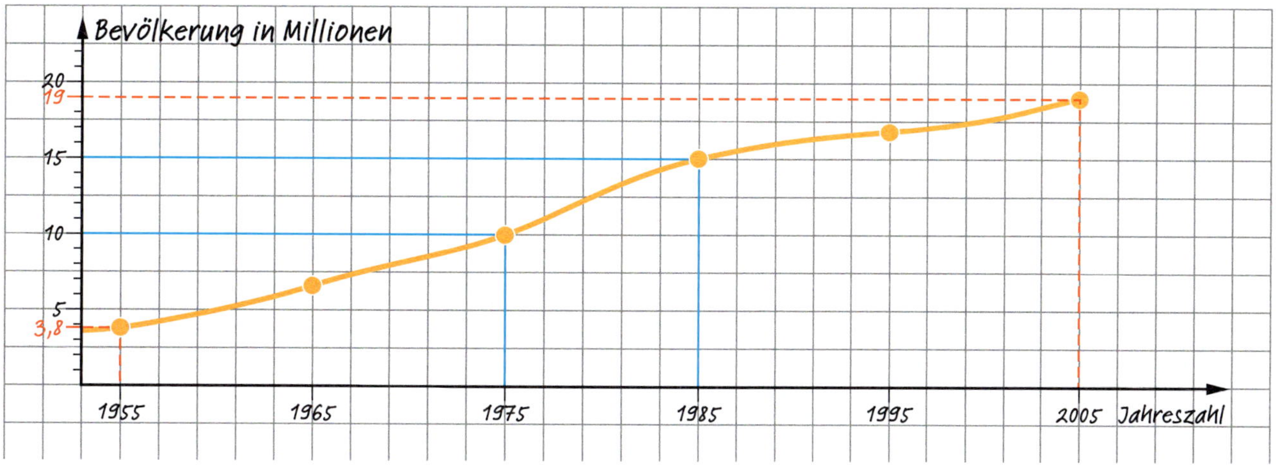

2 Lies das Diagramm. Beantworte folgende Fragen:

Für welches Jahr gilt der erste Punkt? 1955 ________

Für welches Jahr gilt der letzte Punkt? ________

Für welchen Zeitraum gilt das Diagramm?

für ________ Jahre

Wie viele Einwohner hatte Mexiko City 1955?

________ Millionen

Wie viele Einwohner hatte Mexiko City 2005?

________ Millionen

3 Schreibe einen Ergebnissatz zu diesem Diagramm.

In 50 Jahren wuchs ________

____

____

____

Große Städte – große Probleme?

Im Jahr 2008 war es so weit. Erstmals in der Geschichte der Menschheit lebte die Hälfte der Weltbevölkerung in Städten. Das bedeutet, dass heute jeder zweite Mensch auf der Erde in einer Stadt wohnt. Diesen Prozess nennen wir Verstädterung.

1 Seht euch die Abbildung an.
Welche Probleme haben Großstädte?

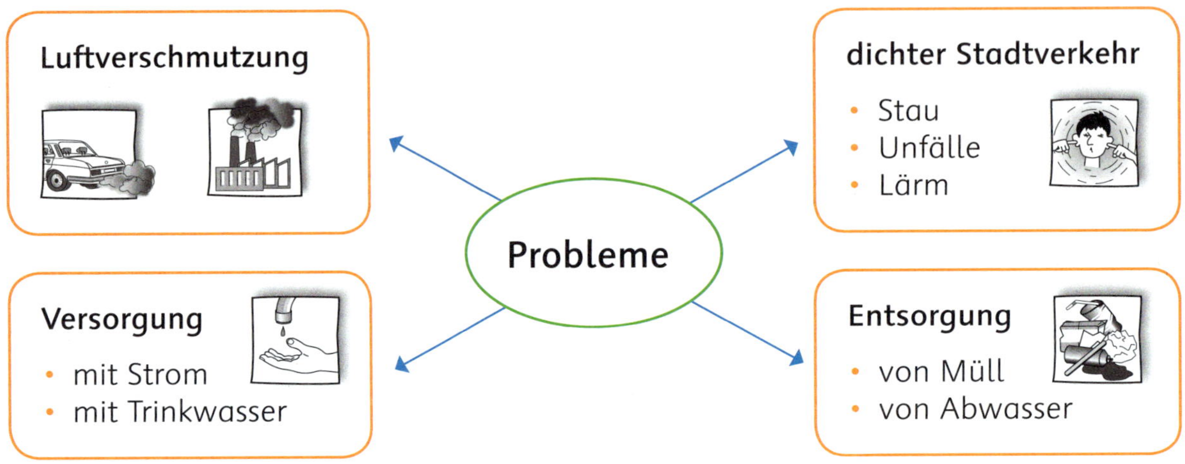

Um die Probleme der Großstädte zu kontrollieren und die Situation verbessern zu können, wurden Lösungsversuche gestartet.

2 Wie sollen die Probleme gelöst werden? Verbinde.
Für einige Probleme gibt es mehrere Lösungsversuche.

Probleme

- dichter Straßenverkehr (durch Busse und Autos)
- Luftverschmutzung
- Müllberge
- Wasserknappheit

Lösungsversuche

- Auslagerung von Industriebetrieben außerhalb der Stadt
- verschärfte Umweltschutzregeln für Industriebetriebe
- Elektrobusse, Abgasuntersuchung von Autos
- Müllverbrennungsanlagen werden eingerichtet
- Verkauf von Trinkwasser durch private Anbieter
- Ausbau des öffentlichen Nahverkehrs (S-Bahn, U-Bahn, Straßenbahn)

Große Städte – große Probleme?

Kinder und Jugendliche in Großstädten haben oft noch andere Probleme. José und Paul sind obdachlos und leben auf der Straße.

José hat kein leichtes Leben

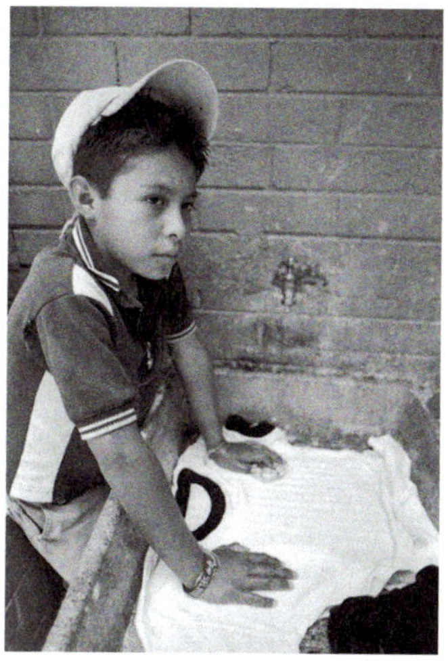

„Wir müssen kämpfen, um zu überleben", sagt José. Der Zwölfjährige lebt auf der Straße. „Es ist schwierig, gute Schlafplätze für die Nacht zu finden. Oft hat man Ärger mit Hausbesitzern oder der Polizei. Um nicht zu hungern, müssen wir betteln oder kleine Jobs übernehmen – Parkplätze bewachen, Müll sammeln – und manchmal gibt es auch für ein paar Stunden Arbeit auf dem Markt." Um den Hunger und die Kälte nicht zu spüren, schnüffeln die meisten Kinder Klebstoff – eine billige, gefährliche Droge, die das Gehirn auf Dauer schwer schädigt.

(Quelle: terre des hommes Deutschland e.V.)

Endstation Straße?

Es ist kalt in Berlin. Keine gute Witterung, um in Socken durch die Straßen zu laufen. „Meine Schuhe sind heute Nacht geklaut worden", sagt Paul. Seine Freunde konnten ihm auch nicht helfen: Nur ein paar Plastiktüten und eine bunte Sammlung Wollsocken an den Füßen, so steht der Junge vor Kälte schlotternd auf dem Alexanderplatz. Da kommt die heiße Suppe, die am Kleinbus des Karuna e.V. verteilt wird, wie gerufen. (...) „Komm nachher zu uns ins Café", sagt die Sozialarbeiterin zu Paul, „da werden wir schon Schuhe für dich finden". Die rollende Suppenküche ist nur eine von vielen Maßnahmen, mit denen der Verein Karuna versucht, den Jugendlichen einen Ausweg aus Alkohol und Perspektivlosigkeit zu bieten.

(Quelle: terre des hommes Deutschland e.V.)

3 Welche Probleme haben José und Paul?
Markiere die Antwort in den Texten.

4 Sucht weitere Informationen über das Leben und Probleme von Straßenkindern im Internet. Berichtet darüber in der Klasse.

Das kann ich!

Auf den Abbildungen wird die Bevölkerungsdichte von zwei Regionen deutlich gemacht.

 1 km²	 1 km²

1 Bilde aus den Satzteilen zwei passende Sätze.
Schreibe sie unter die passende Abbildung.

In kleinen Städten und auf dem Land – In einem Ballungsraum –
wenige Menschen – mehr als 1000 Menschen – auf 1 km^2 – leben – wohnen

2 Welche Probleme von Ballungsgebieten werden auf den Bildern gezeigt? Schreibe passende Bildunterschriften unter jedes Bild.

3 Was passt zusammen? Verbinde die Satzteile.

Ein Ballungsgebiet ist ein Gebiet, in dem …

Mexiko City ist immer größer geworden, weil …

Das größte Problem von Mexiko City ist nun …

Das Ruhrgebiet in Deutschland entstand …

Die meisten Großstädte versuchen, …

… aus mehreren Städten.

… ihre Probleme zu lösen.

… mehr als 1000 Menschen auf 1 km^2 leben.

… immer mehr Menschen vom Land in die Stadt gewandert sind.

… das Bevölkerungswachstum.

4 Ordne die folgenden Probleme in die Tabelle ein.
Es gibt mehrere Möglichkeiten.

Luftverschmutzung, Armut, Arbeitslosigkeit, Kriminalität, kein sauberes Trinkwasser, Müllberge, Wohnungsnot, fehlende Krankenhäuser, fehlende Schulen

Umweltprobleme	Wirtschaftliche Probleme	Soziale Probleme

5 Was hat dich an diesem Kapitel besonders interessiert?
Worüber möchtest du mehr erfahren?
Im Internet findest du weitere Informationen.

→ Deutsche Stiftung Weltbevölkerung:
www.weltbevoelkerung.de

terre des hommes Deutschland e. V.:
www.tdh.de

Leben in einer globalisierten Welt

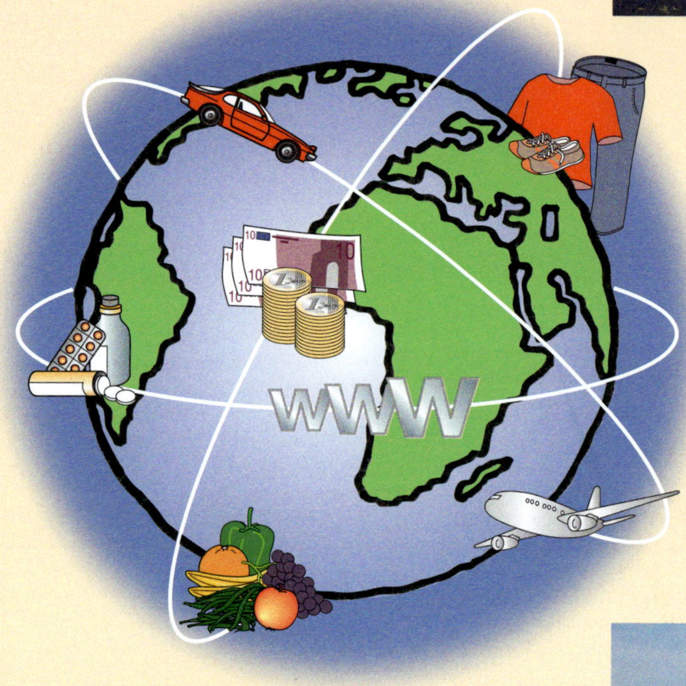

**Der Begriff Globalisierung wird immer häufiger verwendet.
Doch was genau bedeutet er?
Welche Ursachen hat die Globalisierung?
Und welche Folgen ergeben sich daraus?
Was bedeutet die Globalisierung für uns?
In diesem Kapitel erhältst du Antworten auf diese Fragen.**

1 Beschreibt, was ihr auf den Bildern seht.
Was könnten die Bilder mit dem Thema Globalisierung zu tun haben?

Was ist Globalisierung?

Die Welt verändert sich stetig. Der Fortschritt in den Bereichen Transport und Kommunikation macht heutzutage vieles möglich: Wir können in Europa Bananen aus Südamerika und Kiwi aus Neuseeland essen. Wir können mit Menschen in fernen Ländern telefonieren oder im Internet chatten. Wir lösen Sudoku-Rätsel aus Japan. Wir tragen Hosen, die in Afrika oder Asien genäht worden sind.

Dies alles fasst man unter dem Begriff Globalisierung zusammen. Globalisierung ist also die „Vernetzung der Welt", die zu immer mehr länderübergreifenden Beziehungen und Geschäften führt.

Viele Dinge, die du besitzt, sind nicht in Deutschland hergestellt.

2 Suche auf Gegenständen nach dem Herstellungsland.
Wo kommen sie her? („Made in ...")

Meine Schuhe sind in ______________________ hergestellt.

Mein ______________________________________

______________________________________.

3 Welche Verkehrsmittel und welche Technologien ermöglichen die Globalisierung? Sprecht darüber in der Klasse.

Drei Jugendliche – drei Lebenswelten

Naomi, Raoul und Jana leben in verschiedenen Ländern.

1 Findet heraus: Aus welchen Ländern kommen sie?

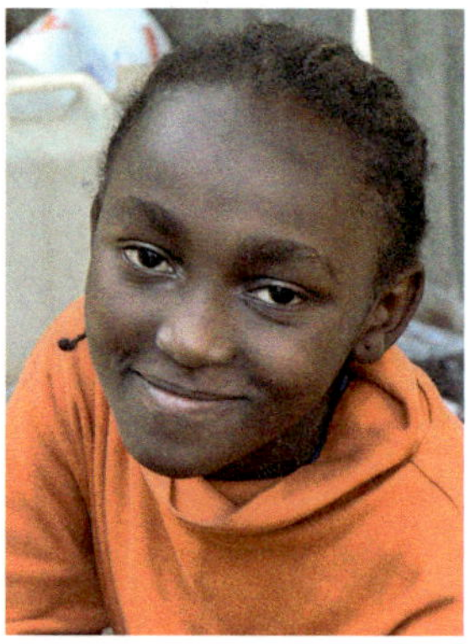
Naomi

„Hallo, ich heiße Naomi. Ich komme aus Kisumu, das liegt im Südwesten meines Landes. Meine Eltern sind Bauern. Oft helfen meine 6 Geschwister und ich auf dem Feld. Sehr viele Familien leben bei uns von der Landwirtschaft. Auf riesigen Plantagen wird Kaffee und Tee angebaut. Mein Land hat nur wenig Industrie, dafür eine wunderschöne Natur. Viele Touristen kommen in unser Land und machen bei uns Urlaub. Ohne den Tourismus wäre mein Land genauso arm wie viele andere Länder in Afrika. Mein größter Wunsch ist, in der Hauptstadt Nairobi am Flughafen zu arbeiten. Dazu muss ich gut Englisch können. Meine größte Sorge? Ich will nicht so früh heiraten und sieben Kinder kriegen, wie meine Mutter. Ich will selbst bestimmen, wann und wie viele Kinder ich bekomme."

Raoul

„Hallo, ich bin Raoul. Ich wohne in Brasília, das ist die Hauptstadt meines Landes. Mein Vater arbeitet in dem Rohstoffhandel. Bei uns gibt es viele wertvolle Bodenschätze, wie zum Beispiel Eisenerz und Zinn. Durch den Handel mit Rohstoffen machte unser Land in den letzten Jahren einen wirtschaftlichen Aufschwung. Dennoch gibt es viele Probleme bei uns. Vor allem die Unterschiede zwischen Arm und Reich sind immer noch sehr groß. Mein größter Wunsch ist, ein Profi-Fußballspieler zu werden. Das Training kostet aber viel Zeit und eine Menge Geld. Meine größte Sorge? Meine Eltern wollen sich scheiden lassen. Wenn Mutter mich allein erzieht, wird das Geld nicht reichen. Ich muss dann auch arbeiten gehen, damit ich etwas dazuverdiene. Dann kann ich das vergessen mit dem Fußball-Training."

2 Wo leben Naomi und Raoul? Schlagt in einem Atlas nach.

3 a) Was erzählen uns Naomi und Raoul?
b) Welche Wünsche und welche Sorgen haben die Jugendlichen?

Drei Jugendliche – drei Lebenswelten

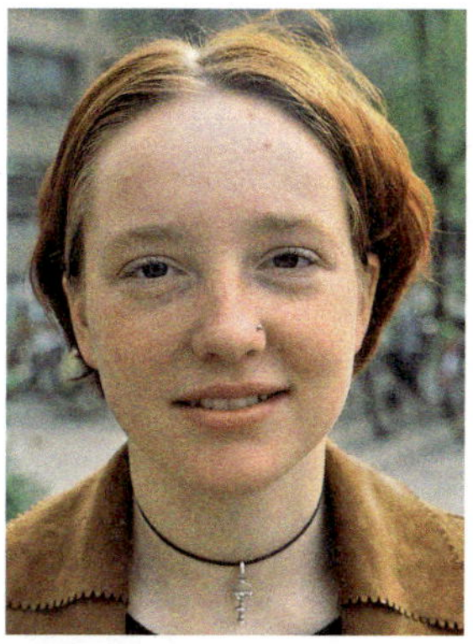
Jana

„Hallo, ich heiße Jana. Ich wohne in München. Diese Großstadt liegt im Süden meines Landes. Unser Land hat viel Industrie und betreibt viel Außenhandel. Oft hört man, mein Land ist ein „Export-Weltmeister“. Besonders bekannte Produkte bei uns kommen aus der Automobilindustrie und aus dem Maschinenbau. Mein Vater arbeitet als Lagerfacharbeiter bei so einer Firma. Mein größter Wunsch ist, nach dem Schulabschluss eine Lehrstelle zu finden und später in einer Gärtnerei zu arbeiten. Dann verdiene ich auch schon während der Ausbildung etwas Geld. Meine größte Sorge? Meine Mutter ist vor kurzem arbeitslos geworden. Nun hat unsere Familie weniger Geld. Ich wollte dieses Jahr den Führerschein machen, aber daraus wird erst mal nichts.“

4 a) Markiere in den drei Texten die Informationen, die etwas über die Länder und über die wirtschaftliche Situation aussagen.

b) Trage die Informationen in die Tabelle ein.

Name	Naomi	Raoul	Jana
Wohnort			
Land			
Hauptstadt des Landes			
wichtige Informationen zur wirtschaftlichen Situation des Landes			

5 Vergleicht die Wünsche und die Sorgen der drei Jugendlichen. Welche Chancen haben sie auf ein selbst bestimmtes Leben?

Arme Welt – reiche Welt

**Naomi, Raoul und Jana leben in unserer einen Welt.
Ihre Lebensumstände sind dennoch sehr verschieden. Woran liegt es?**

Industrieländer, Entwicklungsländer, Schwellenländer

Es gibt reiche Länder, die technisch hoch entwickelt sind und die eigenen wichtigen Produktionen im industriellen Bereich haben. Man nennt diese Länder daher auch Industrieländer. Diese Länder können viele ihrer Technologien und Produkte an andere Länder verkaufen („exportieren“). Die meisten Menschen in diesen Ländern verdienen gut, haben gute Bildungsmöglichkeiten und eine hohe Lebenserwartung.

Im Gegensatz zu den Industrieländern gibt es Länder, die einen geringen Entwicklungsstand haben. Man nennt sie daher auch Entwicklungsländer. Diese Länder sind meist landwirtschaftlich geprägt und haben wenig Industrie. Sie haben oft hohe Schulden bei den reichen Industrieländern. Viele Menschen leiden dort unter Armut und haben in manchen Gebieten nicht genug zu essen. Sie haben nur geringe Bildungsmöglichkeiten, es herrscht hohe Arbeitslosigkeit.

Es gibt auch Länder, die von ihrer wirtschaftlichen Entwicklung her zwischen den Entwicklungsländern und den Industrieländern stehen. Man nennt sie auch Schwellenländer. In diesen Ländern hat sich die wirtschaftliche Situation deutlich verbessert. Sie sind daher keine Entwicklungsländer mehr. Dennoch haben sie ihre sozialen Probleme noch nicht überwunden. Es gibt große Gegensätze zwischen Arm und Reich innerhalb des Landes. Beispiele für Schwellenländer finden wir in Südamerika und in Asien.

1 Beschreibe die Lage der Industrieländer und der Entwicklungsländer.

2 Welche Länder bezeichnen wir als „Schwellenländer“?

3 Markiere in dem Text die wichtigsten Informationen über die Industrieländer, Entwicklungsländer und Schwellenländer.

Arme Welt – reiche Welt

Es gibt verschiedene Möglichkeiten, ein Land nach seinem Entwicklungsstand einzuordnen. Die Weltbank teilt die Länder nach dem Pro-Kopf-Einkommen der Bevölkerung in verschiedene Kategorien ein.

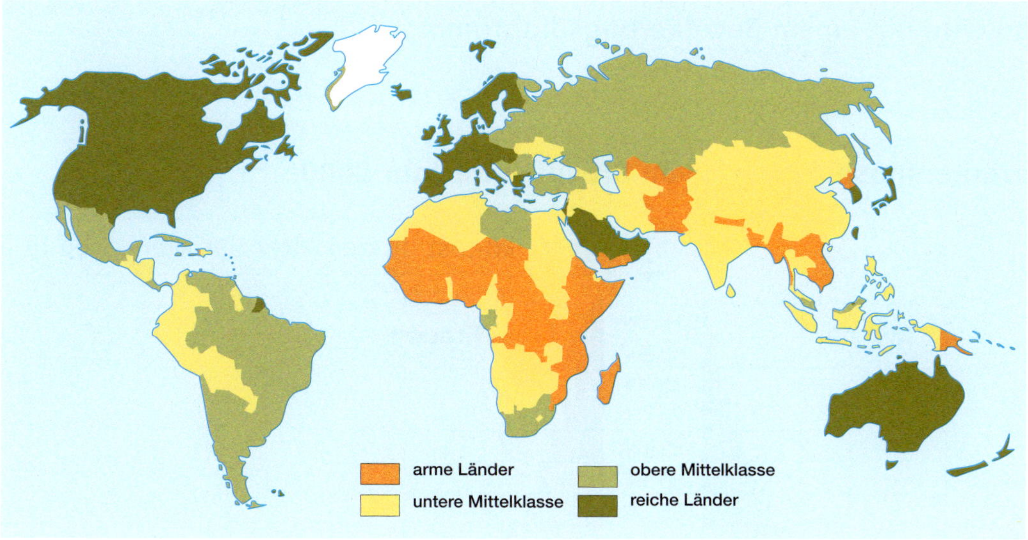

4 Ergänze den Lückentext mit den passenden Wörtern.

Reiche Länder nennt man auch ____________________.
Diese Länder ____________________ viele ihrer Produkte und Technologien. Länder mit einem geringen Entwicklungsstand nennt man auch ____________________.
Diese Länder haben meist eine schwache __________ und _______________ Lage. Die Länder, die zwischen den Entwicklungsländern und den Industrieländern stehen, nennt man ____________________.

→ Entwicklungsländer, exportieren, Industrieländer, Schwellenländer, soziale, wirtschaftliche

5 Schreibe jeweils 3 Beispiele auf. Nimm einen Atlas zur Hilfe.

Entwicklungsländer: ______________________________

Schwellenländer: ______________________________

Industrieländer: ______________________________

Wir lesen ein Bevölkerungsdiagramm

Was zeigt uns ein Bevölkerungsdiagramm?

Ob die Bevölkerung eines Landes zunimmt oder abnimmt, erkennt man an dem Altersaufbau der Gesellschaft. Der Altersaufbau wird mit einem Bevölkerungsdiagramm dargestellt.

Hier seht ihr das Bevölkerungsdiagramm von Brasilien im Jahr 2000.

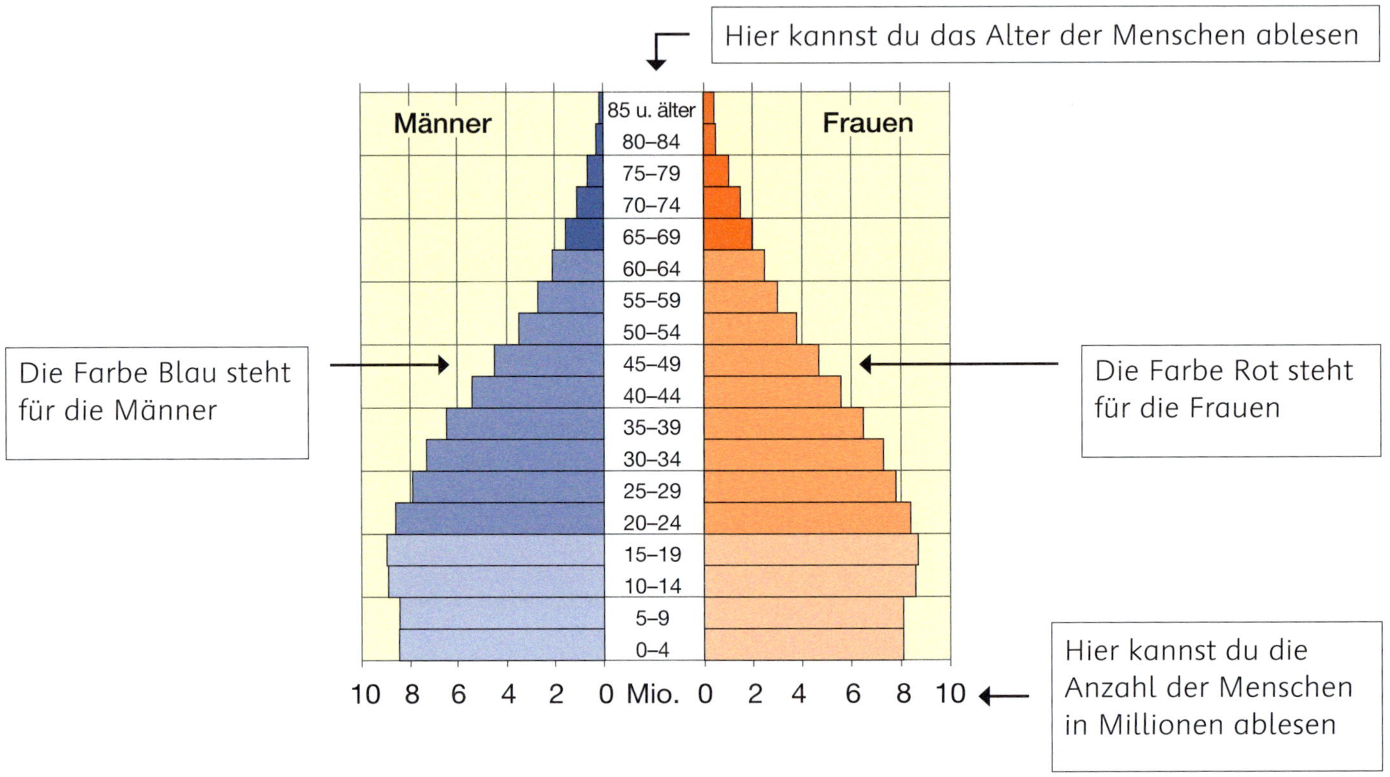

1 Sieh dir das Bevölkerungsdiagramm von Brasilien im Jahr 2000 an. Stimmen die folgenden Aussagen? Kreuze an.

Stimmt das?	ja	nein
2000 lebten in Brasilien mehr als 8 Millionen junge Männer im Alter von 15–19 Jahren.	☐	☐
Die Zahl der jungen Frauen im gleichen Alter war viel weniger.	☐	☐
Es lebten ca. 2 Millionen Frauen im Alter von 65–69 Jahren.	☐	☐
Die Zahl der Männer im gleichen Alter ist etwas weniger.	☐	☐
Insgesamt leben viel mehr junge Menschen im Land als alte.	☐	☐

Ben hat sich das Diagramm von Brasilien genauer angeschaut:

Im Jahr 2000 sind in Brasilien die meisten Menschen im arbeitsfähigen Alter, also zwischen 20 und 64 Jahren. Fast genauso viele Menschen sind Kinder und Jugendliche, also zwischen 0 und 19 Jahren.
Am wenigsten Menschen finden sich in der Gruppe der älteren Menschen ab 65 Jahren.
Wenn ich ganz genau auf die Unterschiede zwischen Männern und Frauen schaue, sehe ich, dass die Frauen offenbar länger leben, denn bei den älteren Menschen gibt es mehr Frauen als Männer.

Hier siehst du das Bevölkerungsdiagramm von Deutschland.

2 Beschreibe, wie die Bevölkerung in Deutschland zusammengesetzt ist.
Orientiere dich dabei am Beispiel Brasilien.

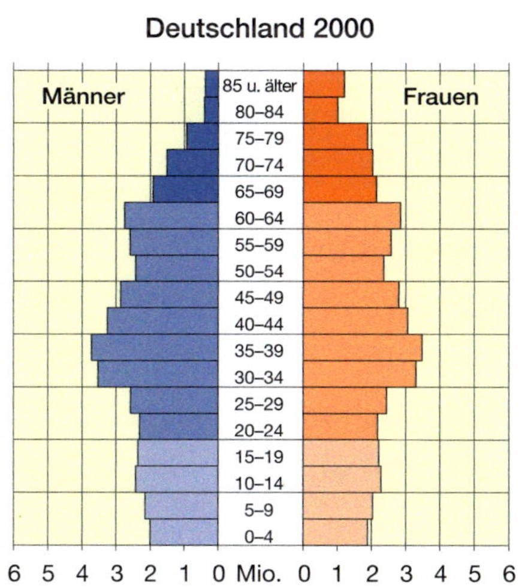

Zahl der jungen Männer
zwischen 15–19 Jahren: ______________________

Zahl der älteren Männer
zwischen 65–69 Jahren: ______________________

Zahl der Frauen
im Alter von 85 Jahren: ______________________

Zahl der Männer
im Alter von 85 Jahren: ______________________

Insgesamt leben ________________ alte Menschen
(mehr/weniger)
im Land als junge Menschen.

In Deutschland sind die meisten Menschen

____

____

Deutschland hat Nachwuchs-Sorgen, denn es gibt

nicht genügend

____

Mir fällt noch auf, dass

____

Bevölkerungsdiagramme vergleichen

Das Bevölkerungsdiagramm gibt uns Informationen über den Altersaufbau der Bevölkerung eines Landes. Die Form des Diagramms zeigt uns, in welchem Entwicklungsstand sich das Land befindet.

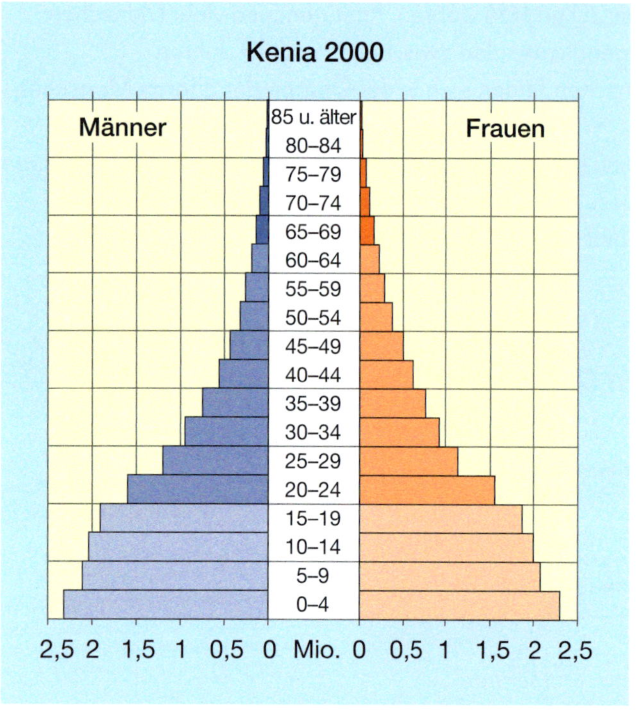

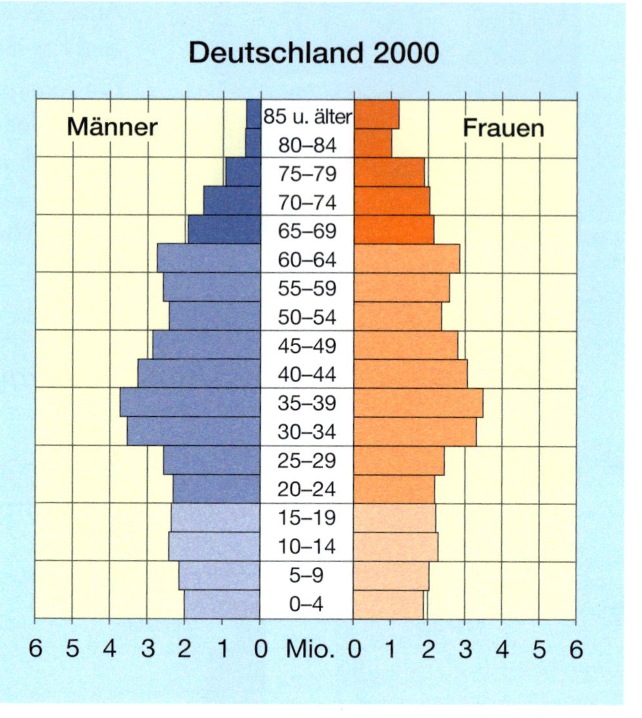

Eine wachsende Bevölkerung erkennt man an der Pyramidenform des Bevölkerungsdiagramms. Diese Form ist typisch für die Entwicklungsländer. In solchen Ländern werden Jahr für Jahr immer mehr Kinder geboren. Die vielen Kinder brauchen auch mehr Nahrung, Kleidung, Schulen, später Ausbildungs- und Arbeitsplätze. Das bereitet für die Entwicklungsländer ein großes Problem. Die Bevölkerung wächst stetig aus unterschiedlichen Gründen. Zum einen, weil die Menschen über die Verhütungsmöglichkeiten noch nicht genügend aufgeklärt sind. Zum anderen, weil die Menschen ihre Kinder als Arbeitskräfte für die Familie betrachten und sie meist auch so behandeln.

Eine abnehmende Bevölkerung erkennt man an der Urnen- oder Pilzform. Sie ergibt sich, wenn die Zahl der Geburten von Jahr zu Jahr abnimmt. Die Bevölkerung schrumpft und die Anzahl der älteren Menschen über 65 Jahren nimmt zu. Diese Form ist typisch für die Industrieländer. Diese Länder haben andere Probleme. Sie müssen dafür sorgen, dass die vielen älteren Menschen im Rentenalter gepflegt und versorgt werden. Dabei werden die jungen Menschen im arbeitsfähigen Alter immer weniger.

1 Was zeigt uns die Form eines Bevölkerungsdiagramms? Erzählt.

Bevölkerungsdiagramme vergleichen

Hier könnt ihr üben, die Diagramme selbstständig zu vergleichen.

2 Seht euch die Bevölkerungsdiagramme von Deutschland, Brasilien und Kenia an. Vergleicht die Diagramme.

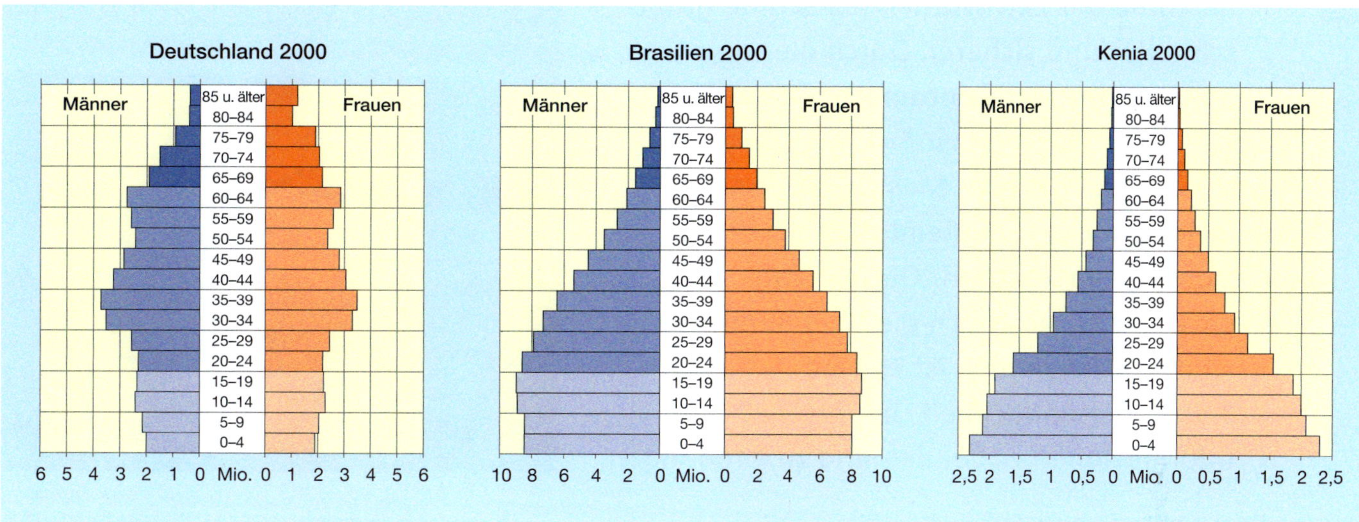

3 Was zeigt uns die Form der drei Bevölkerungsdiagramme?
Formuliert selbstständig Sätze. Schreibt sie auf.

4 Arbeite mit einem Partner.
a) Wählt euch zwei Länder aus.
b) Vergleicht die Bevölkerungsdiagramme von den Ländern.
c) Stellt eure Ergebnisse in der Klasse vor.

Waren reisen um die Welt

Schon vor langer Zeit wurden Waren zwischen den Kontinenten transportiert, zum Beispiel Gewürze aus Indien nach England. Diese waren sehr kostbar und es lohnte sich, viel Geld für den Transport auszugeben.

Im Laufe der Zeit wurden die Schiffe größer, schneller und sicherer. Durch die Entwicklung der Containerschiffe wurde der Transport noch einfacher und billiger. Heutzutage können Massenwaren über weite Strecken problemlos und billig transportiert werden. Gleichzeitig entwickelte sich auch die Kommunikation weiter. Mittlerweile ist es eine Selbstverständlichkeit, im Internet Informationen zu senden und zu empfangen.

1 Überlegt gemeinsam:
Welche Entwicklungen erleichtern heutzutage den Welthandel?

Hier könnt ihr die Reise einer Jeans um die Welt verfolgen.

Bis eine Jeans im Regal zum Verkauf liegt, reist sie oft 3 Monate lang durch die Welt und legt dabei mehr als 2000 km zurück. Die Jeans „Sunny“ der Marke H.I.S. beginnt ihre Geschichte auf einer Baumwollplantage, zum Beispiel in Amerika. Von dort wird die gepflückte Baumwolle in eine Weberei in Italien gebracht. Dort wird sie zu Jeansstoff verarbeitet. In der H.I.S.-Zentrale in der bayerischen Stadt Garching wird inzwischen der Schnitt entworfen.
Dazu kommen pro Jeans aus Italien: 6 Nieten und ein Lederetikett.
Aus Deutschland kommen: 274 m Nähgarn, ein Stoff-Schildchen plus Edelstahlknopf; dazu Taschenfutter aus Frankreich und einen Reißverschluss aus Belgien.
Der Stoff, der Schnitt und alle weiteren Materialien gehen gemeinsam nach Tunesien. Hier wird die Jeans genäht – für zwei Euro die Stunde!
Von Tunesien aus wird die fertig genähte Hose in die Wäscherei nach Italien geschickt. Anschließend fahren die fertigen „Sunnys“ im LKW zurück nach Garching. Hier werden sie kontrolliert, abgepackt und an 4000 Geschäfte in ganz Europa geliefert.

2 Was habt ihr über die Weltreise einer Jeans erfahren?

Waren reisen um die Welt

3 Vervollständige die Sätze mit den passenden Wörtern.

Früher war es sehr schwierig und teuer, Waren von einem Kontinent zum anderen zu ______________________. Heute sind der Aufwand und die Kosten für den ______________ von Waren viel geringer. Neben der Entwicklung im Transport hat sich die ______________________ ebenfalls weiterentwickelt. Dabei sind nicht nur Handy und Telefon wichtige Kommunikationsmittel, sondern auch besonders das ______________________.

→ Internet
Kommunikation
Transport
transportieren

4 Welche zwei Entwicklungen sind die wichtigsten Voraussetzungen für den Welthandel?

______________________ und ______________________

5 Welche Orte sind bei der Produktion der Jeans beteiligt? Markiere sie zunächst im Text. Schreibe sie dann hier auf.

Eine Baumwollplantage in ______________________

Eine Weberei in ______________________

Die Nieten und Lederetiketten aus ______________________

Eine Näherei in ______________________

Endkontrolle und Verpackung in der Zentrale in ______________________

____

6 Suche die Länder auf einer Weltkarte oder auf einem Globus. Fahre die „Reiseroute" der Jeans mit dem Finger nach.

7 Warum wurde die Jeans nicht in einem einzigen Land hergestellt? Begründet eure Meinung.

Globalisierung zwischen Arm und Reich

Ein Fall – verschiedene Auswirkungen.

Wir haben gerade eine Abteilung unserer Firma in Deutschland geschlossen und ins Ausland verlegt. Dadurch sind unsere Produktions-Kosten viel geringer. Nur so können wir unser Wachstum sichern. Und unsere Kunden freuen sich auch, denn die Preise bleiben unten.

Ich habe gerade meine Arbeitsstelle verloren. Das Unternehmen, in dem ich gearbeitet habe, hat den Standort in Deutschland aufgegeben. Sie sind zur Senkung der Kosten ins Ausland abgewandert.

Die Unternehmen wollen durch die preiswertere Herstellung oft Rekordgewinne erzielen. In manchen Wirtschaftsbereichen in den reichen Ländern hat das den Verlust von Arbeitsplätzen zur Folge.

Endlich habe ich eine Arbeit gefunden! Ich habe viel zu tun, aber dafür bekomme ich ein sicheres Gehalt und kann meine Familie ernähren. Ich bin sehr glücklich, dass Firmen aus Europa zu uns kommen und uns Arbeit geben.

Es ist schön, dass viele neue Arbeitsplätze in unserem Land entstanden sind. Täglich werden tonnenweise Produkte, die hier hergestellt werden, in die Industrieländer transportiert. Das ist allerdings nicht nur für die Umwelt eine Katastrophe. Unser Land ist dadurch abhängig geworden von Aufträgen aus den reichen Ländern. Was ist, wenn sie uns eines Tages nicht mehr brauchen?

Auch in den armen Ländern hat sich der Arbeitsmarkt durch die Globalisierung verändert. Allerdings genau umgekehrt: Hier entstehen neue Arbeitsplätze, weil die Lohnkosten viel niedriger sind und die Transportkosten kaum noch ins Gewicht fallen. Dadurch werden aber die ärmeren Entwicklungs- oder Schwellenländer von den reicheren Industrieländern abhängig.

Globalisierung zwischen Arm und Reich

1 Was habt ihr über die Folgen der Globalisierung erfahren?

2 Trage die Folgen der Globalisierung in die Tabelle ein:
Abhängigkeit von den Industrieländern – Produkte sind preiswerter geworden – neue Arbeitsplätze entstehen – Unternehmen erzielen Rekordgewinne – Verlust von Arbeitsplätzen – die Umwelt wird stark belastet

Folgen für die reichen Länder	Folgen für die armen Länder

3 Wer sieht mehr die Vorteile, wer die Nachteile der Globalisierung? Verbinde.

sieht mehr die Vorteile

sieht mehr die Nachteile

4 Welche Vorteile und Nachteile der Globalisierung kennst du?

Das kann ich!

1 Verbinde die Begriffe jeweils mit zwei passenden Erläuterungen.

Begriffe	Erläuterungen
	Diese Länder verkaufen viele ihrer hoch entwickelten Technologien an andere Länder.
Entwicklungsländer →	Diese Länder können ihre hohen Schulden bei den reichen Ländern gar nicht mehr bezahlen.
Schwellenländer	Viele Menschen in diesen Ländern leiden Hunger.
	In diesen Ländern leiden noch einige Menschen unter Armut, einigen geht es jedoch auch wirtschaftlich gut.
Industrieländer	Den meisten Menschen in diesen Ländern geht es wirtschaftlich gut.
	In diesen Ländern hat sich die wirtschaftliche Situation in den letzten Jahren oder Jahrzehnten deutlich verbessert.

2 Schreibe die Sätze zu Ende.

Die meisten Entwicklungsländer befinden sich in ______________________.
(Europa / Afrika)

In Europa gehören die meisten Länder zu den ______________________.
(Schwellenländern / Industrieländern)

In Südamerika und Asien liegen die meisten ______________________.
(Industrieländer / Schwellenländer)

Für oder gegen die Globalisierung gibt es verschiedene Argumente.

① Ich habe gestern mit einem Mädchen aus China und einem aus England gechattet. Das war total interessant!

② Die Armen werden immmer ärmer und die Reichen immer reicher. Das kann doch nicht sein!

③ Ich finde es schlimm, dass in den armen Ländern Kinder arbeiten müssen, nur damit es uns gut geht.

④ Mir ist es wichtig, dass ich viele Dinge preiswert einkaufen kann.

3 Welche Argumente sind für und welche gegen die Globalisierung? Schreibe die Nummer auf:

dafür sind: ☐ ☐ dagegen sind: ☐ ☐

4 Und was meinst du? Schreibe deine Meinung in die Sprechblase.

5 Führt eine Diskussion über das Thema.

Weltweite Probleme

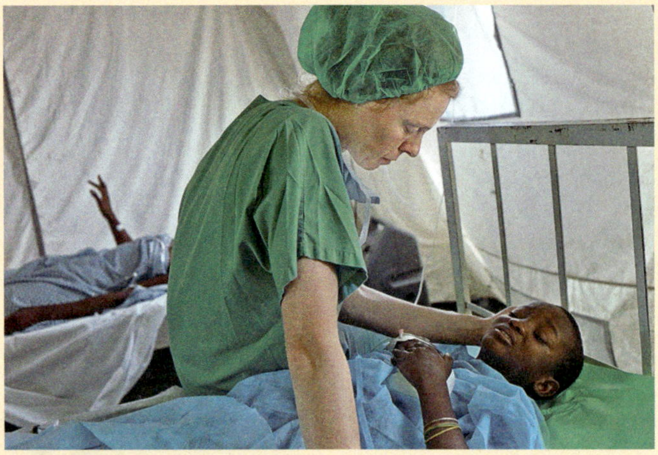

Erdbebenopfer auf Haiti, 2010

Hunger in Bangladesch

Ein fast ausgetrockneter Fluss in China

Wassermangel in Indien

Dieses Kapitel behandelt Probleme, die sehr viele Menschen auf unserer Erde haben. 860 Millionen Menschen haben nicht genug zu essen, die meisten von ihnen leben mit ihren Familien in Afrika, Asien oder Südamerika. Viele Menschen hungern, obwohl auf der Welt genügend Nahrung für alle produziert wird. Zusätzlich machen die Folgen des Klimawandels vielen Regionen zu schaffen. In vielen Gebieten gibt es zu wenig Wasser und viele Menschen haben keinen Zugang zum sauberen Trinkwasser. Es fehlt auch an medizinischer Versorgung und an Schulen.

1 Beschreibt die Bilder. Welche Probleme könnt ihr entdecken?

2 Welche Grundbedürfnisse haben Menschen?
Sprecht darüber in der Klasse.

Im Kapitel „Leben in einer globalisierten Welt" hast du schon einiges über die Entwicklungsländer gelernt.

Die UNO untersucht regelmäßig die Länder der Welt und nimmt jedes Jahr eine Einteilung nach dem jeweiligen Entwicklungsstand vor. Die UNO ermittelt den Human Development Index (HDI).

Was bedeutet der HDI?

Der HDI (Human Development Index) ist ein Wert, um den Entwicklungsstand von Staaten zu vergleichen. Es wird nicht nur das Pro-Kopf-Einkommen der Bevölkerung berücksichtigt. Bei dieser Ermittlung zählen auch andere Faktoren: die Lebenserwartung der Menschen, der Anteil von Analphabeten und der Grad der Industrialisierung spielen auch eine wichtige Rolle.

Diese Vergleichswerte werden in der folgenden Karte dargestellt.

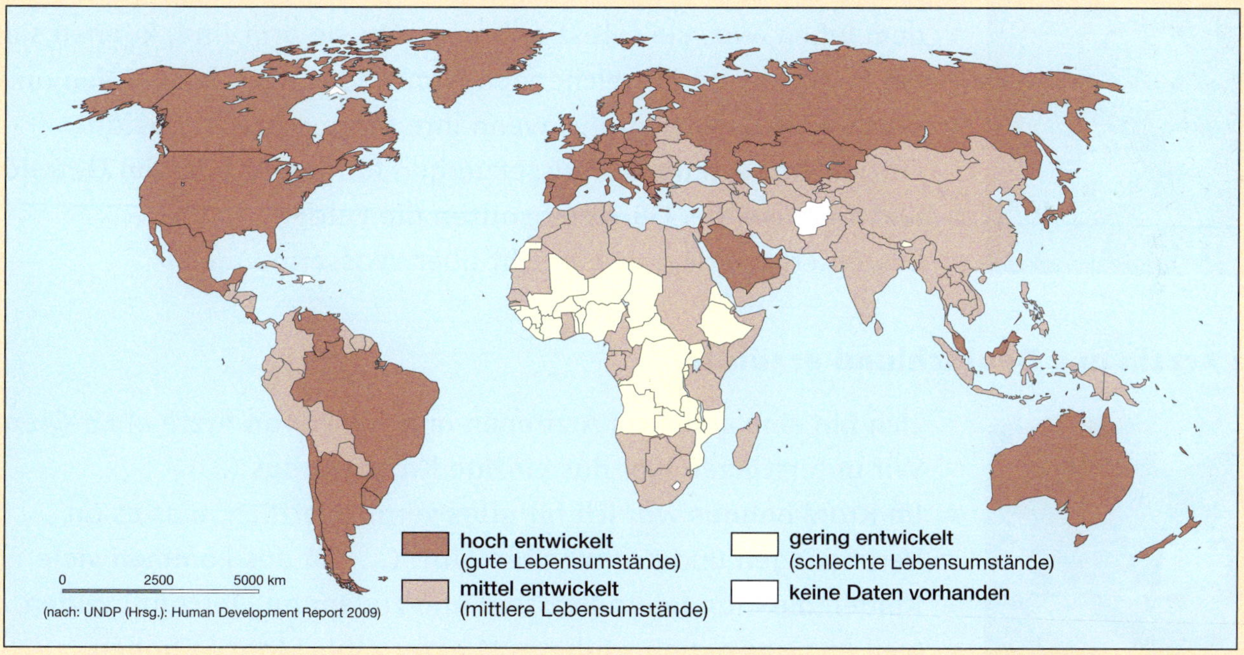

3 Siehe dir die Karte an. Schreibe zu jedem HDI-Wert 3 Länder auf:

a) hoch entwickelt: ____________________

b) mittel entwickelt: ____________________

c) gering entwickelt: ____________________

Probleme in den Entwicklungsländern

Auf der Welt werden eigentlich genug Nahrung, Kleidung und Medikamente produziert, damit alle Menschen ernährt und versorgt werden könnten. Aber gerade dort, wo diese Produkte am dringendsten benötigt werden, fehlen sie.

1 Arbeite mit einem Partner.
Findet heraus:
– Welche Probleme haben Menschen in den Entwicklungsländern?
a) Lest die Texte.
b) Markiert die Antwort in den Texten.
c) Vergleicht und besprecht eure Ergebnisse miteinander.

Bevölkerungswachstum und Unterernährung

Weltweit leiden etwa 860 Millionen Menschen an Unterernährung. Die meisten von ihnen leben in Entwicklungsländern. Gerade dort werden aber immer mehr Menschen geboren. Und mit der Zahl der Bevölkerung wächst die Zahl der Hungernden. Die meisten Hungernden sind Kleinbauern, die hauptsächlich von dem leben, was sie selbst anbauen. Da sie arm sind, können sie bei Bedarf keine ausreichenden Nahrungsmittel dazukaufen und sind von Hunger bedroht, wenn ihre Ernte schlecht ausfällt. Oft fehlen auch die Voraussetzungen für den Anbau von Getreide und Gemüse. Bei Dürrezeit sollten die Felder bewässert werden, es herrscht aber Wassermangel.

Eine Ärztin aus Deutschland erzählt:

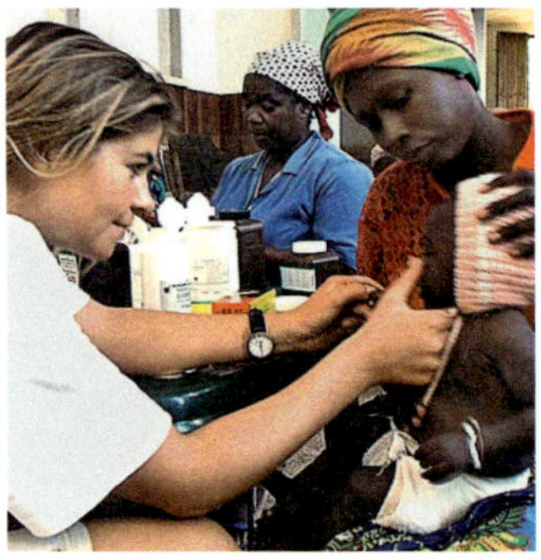

„Ich bin eine von zwei Ärztinnen im Projekt von Ärzte ohne Grenzen. Wir unterstützen hier das einzige Krankenhaus (...) Im Krankenhaus war ich für alles verantwortlich, was es an Verletzungen und Krankheiten gibt. (...) Zu uns kommen viele Kinder, die mangelernährt sind und zudem an Durchfall leiden, weil es nicht genug sauberes Wasser gibt. Manche haben außerdem Lungenkrankheiten wie Tuberkulose, Hauterkrankungen oder Malaria." *(Quelle: www.aerzte-ohne-grenzen.de Bericht von Brit Nolden, Einsatzland Äthiopien, 2008)*

Probleme in den Entwicklungsländern

Taya und Silke – zwei Lebensläufe.

 **Taya lebt in Somalia.**	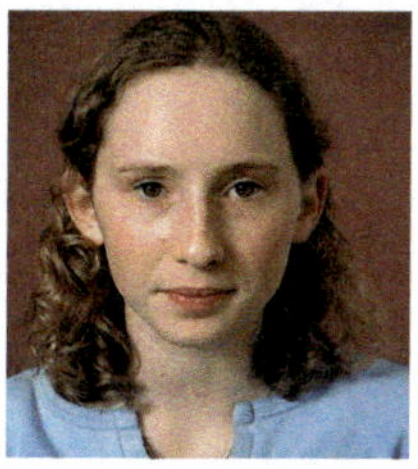 **Silke lebt in Deutschland**
Sie ist 13 Jahre alt … … und kann weder lesen noch schreiben. Sie geht nicht zur Schule. Seit ihre Mutter gestorben ist, muss sie arbeiten und ihre jüngeren Geschwister versorgen.	**Sie ist 13 Jahre alt …** … und besucht eine Schule. Sie liest und schreibt sehr gern. Auch Sexualaufklärung ist ein wichtiges Thema im Unterricht.
Mit 17 Jahren … … ist sie bereits verheiratet. Bald bekommt sie ihr erstes Kind. Über Verhütungsmittel hat sie noch nie etwas gehört.	**Mit 17 Jahren …** … geht sie noch zur Schule. Sie möchte noch keine Kinder und nimmt Verhütungsmittel.
Sie ist 26 Jahre alt … … und hat bereits fünf Kinder.	**Sie ist 26 Jahre alt …** … als sie heiratet. Sie wünscht sich zwei Kinder.
Mit 33 Jahren … … hört sie das erste Mal von den Möglichkeiten der Verhütung. Sie bekommt keine Kinder mehr.	**Mit 33 Jahren …** … hat sie zwei Kinder. Ihre Familienplanung ist damit abgeschlossen.
Als sie 36 Jahre alt ist … … wird sie Großmutter.	**Als sie 36 Jahre alt ist …** … beginnt sie wieder in ihrem Beruf zu arbeiten.
Im Alter von 47 Jahren … … stirbt sie an Malaria.	**Im Alter von 62 Jahren …** … wird sie Großmutter. Sie stirbt im Alter von 82 Jahren.

2 a) Besprecht die Unterschiede zwischen den beiden Lebensläufen.
b) Markiert die Stellen im Text, die die Unterschiede genau beschreiben.
c) Welche Maßnahmen könnten helfen, um für Taya bessere Lebensbedingungen und Chancen zu ermöglichen? Schreibt eure Ideen auf.

Entwicklungshilfe – Armut bekämpfen durch fairen Handel

Von fairen und unfairen Fußbällen

Seit er 13 Jahre alt ist, näht Kirshan Fußbälle. Auch seine Frau und seine älteste Tochter nähen Fußbälle. Mit diesem Einkommen kann die achtköpfige Familie gerade noch überleben. Beim letzten islamischen Opferfest musste Kirshan sich Geld leihen, um das Festessen für seine Familie bezahlen zu können. Aber Kirshan hat Glück, denn er arbeitet auch für eine andere Firma, die faire Fußbälle nähen lässt. Bei dieser Firma verdient er fast doppelt soviel wie normalerweise. Letzten Monat zum Beispiel waren die meisten Bälle, die er nähte, für die GEPA. So konnte Kirshan seine ganzen Schulden zurück bezahlen. Wenn er nur noch faire Fußbälle nähen würde, dann würde es ihm und seiner Familie viel besser gehen.

TRANSFAIR
FAIRTRADE

Was bedeutet fair trade?

Vielleicht hast du dieses Zeichen schon einmal gesehen. Fairer Handel ist eine Form der Entwicklungshilfe. Fairer Handel bedeutet: Verbraucher in reicheren Ländern zahlen für fair gehandelte Produkte zum Beispiel Kaffee, Tee, Bananen, Orangensaft, Textilien etc. etwas mehr als für andere Waren. Der Mehrpreis kommt den Menschen zugute, die diese Produkte hergestellt haben. Das hat in diesen Ländern eine große Wirkung.

Warum ist fairer Handel wichtig?

Damit alles mit rechten Dingen zugeht, wird der ganze Prozess von unabhängigen Gutachtern kontrolliert. Ist alles in Ordnung, erhalten fair gehandelte Produkte ein spezielles Zeichen zum Beispiel das TransFair-Siegel. Mit dem Kauf von fair-trade-Produkten haben wir die Möglichkeit, den Menschen in den Entwicklungsländern zu helfen.

Entwicklungshilfe –
Armut bekämpfen durch fairen Handel

1 Was passt zusammen? Verbinde.

1. Fair gehandelte Produkte kosten …	… die das Produkt hergestellt haben.
2. Der Mehrpreis kommt den Menschen zugute, …	… unterstützen wir die Menschen in den Entwicklungsländern.
3. Das Gütesiegel TransFair erhalten nur die Produkte, …	… mehr als andere Produkte.
4. Mit dem Kauf von fair gehandelten Produkten …	… die unter kontrollierten Bedingungen hergestellt werden.

2 Schreibe die ganzen Sätze hier auf.

3 Suche fair gehandelte Produkte im Supermarkt.
Schreibe die Produkte auf. Die Bilder am Seitenrand helfen dir dabei.

4 Forscheraufgabe: Informiert euch über die Arbeit des gemeinnützigen Vereins Transfair e. V. im Internet.

→ www.transfair.org

Ziele für die Zukunft

Im Jahr 2000 entstand die UN-Milleniumserklärung. Eine Arbeitsgruppe aus Vertretern der UNO, der Weltbank, der Organisation für wirtschaftliche Zusammenarbeit und Entwicklung (OECD) und aus weiteren Organisationen erarbeitete eine Liste von acht Zielen.

Diese Ziele sollen im Jahr 2015 erreicht werden:

Ziel 1: Bekämpfung von extremer Armut und Hunger

Als extrem arm gilt, wer weniger als einen Euro pro Tag zur Verfügung hat.

Ziel 2: Grundschulbildung für alle

Wer lesen, schreiben und rechnen kann, hat mehr Möglichkeiten, sich selbst aus der Armut zu befreien.

Ziel 3: Gleichberechtigung der Geschlechter

Die Rechte von Frauen müssen gestärkt werden. Dabei ist auch Bildung wichtig, um unabhängig sein zu können.

Ziel 4: Senkung der Kindersterblichkeit

Alle drei Sekunden stirbt ein Kind. Die Todesursachen sind vermeidbare Krankheiten. Sie entstehen durch fehlenden Impfschutz, verschmutztes Wasser oder unhygienische Lebensbedingungen.

Ziel 5: Verbesserung der Gesundheit von Müttern

In Entwicklungsländern stirbt eine von 48 Frauen bei der Geburt. Das hängt auch damit zusammen, dass Frauen dort oft im Alter von 12–14 Jahren verheiratet werden.

Ziel 6: Bekämpfung von schweren Krankheiten

Hier geht es z. B. um HIV/Aids oder Malaria. In Afrika stirbt alle 30 Sekunden ein Kind an Malaria.

Ziel 7: Umweltschutz

Viele Teile der Welt wollen ihre Wirtschaft entwickeln, nehmen hierbei aber keine Rücksicht auf die Umwelt.

Ziel 8: Alle Länder arbeiten zusammen

Alle Länder sollen gemeinsam die Verantwortung zur Bekämpfung der Armut übernehmen.

Ziele für die Zukunft

1 Welches Ziel ist gemeint? Trage die Nummer des Ziels hinten ein.

Juan darf die Schule besuchen. Er kann endlich lesen lernen.	
In Mikeles Dorf war ein Arzt, der Kondome verteilt und ihre Anwendung erklärt hat.	
Die Regierungschefs haben sich auf einer großen Konferenz getroffen und haben darüber gesprochen, wie Entwicklungshilfe funktionieren kann.	
Die Regierung setzt sich für Mindestlöhne und Essen für Arme ein.	
Viele Länder Südamerikas haben vereinbart, gegen die Abholzung des Regenwalds vorzugehen und damit die Umwelt zu schützen.	
Eine Hebamme hat Shakri während der Schwangerschaft untersucht und wird ihr bei der Geburt ihres Kindes helfen.	
Shakris Säugling wird geimpft und ihre Kinder bekommen sauberes Wasser.	
Vaashana geht mit Juan in die Schule. Sie ist eins der wenigen Mädchen in der Dorfschule und lernt das gleiche wie die Jungen.	

2 Was könnte gegen die Probleme getan werden?
Mache Vorschläge zu den Piktogrammen.

3 Arbeite mit einem Partner.
a) Wählt euch zwei Ziele aus.
b) Informiert euch über diese Ziele im Internet.
c) Macht euch Notizen zu den gewählten Zählen.
d) Stellt diese Ziele in der Klasse vor.

→ www.un-kampagne.de

Klimaschutz als weltweite Herausforderung

Folgen des Klimawandels

Nordamerika

- Stärkere Hitzewellen
- Mehr Waldbrände
- Häufigere und heftigere Sturmfluten

Afrika

- Gefahr von Hungersnöten wegen geringerer Ernteerträge und Ausdehnung der Wüsten
- Zunahme des Wassermangels
- Gefahr von Überflutung küstennaher Regionen, Gefahr von Malaria und Cholera

Südamerika

- Überschwemmungsgefahr für große Städte
- Regenwald verringert sich stark
- Stärkere Dürreperioden und geringere Ernteerträge

Polargebiete (Antarktis)

- Schmelzen des größten Gletschers der Erde
- Weltweiter Anstieg des Meeresspiegels
- Bedrohter Lebensraum für Menschen und Tiere

1 Seht euch die große Weltkarte mit den Bildern an.

2 Lest die Texte zu den Folgen des Klimawandels.

Klimaschutz als weltweite Herausforderung

Europa

- Mehr extreme Hitzewellen und Dürreperioden
- Häufiger Hochwasser und Überschwemmungen
- Abschmelzen der Gletscher in den Alpen

Insel-Staaten im Pazifik

- Sturmfluten bedrohen Menschen, Ernteerträge und die Infrastruktur
- Trinkwasser gefährdet
- Tourismus als Einnahmequelle gefährdet

Asien

- Gletscherschmelze im Himalaya und Gefahr von Sturzfluten
- Überschwemmungsgefahr für Millionenstädte in den Deltas großer Flüsse
- Zunahme des Wassermangels

Australien

- Verschärfter Wassermangel
- Stärkere Überflutungen
- Korallenriffe und Artenvielfalt bedroht

3 Nenne drei Probleme, die dir am bedrohlichsten erscheinen.

Das kann ich!

1 Richtig oder falsch? Kreuze an.
Berichtige die falschen Aussagen wie im Beispiel.

Aussage	richtig	falsch
In den Entwicklungsländern sind die meisten Menschen reich.	☐	☒
In den Entwicklungsländern sind die meisten Menschen arm.		
Die reichen Länder verbrauchen 16-mal mehr Nahrung als die armen Länder.	☐	☐
Auf der Welt wird nicht genug Nahrung produziert, um alle Menschen zu ernähren.	☐	☐
In vielen armen Ländern gibt es genug Wasser, um die Felder bewässern zu können.	☐	☐

2 Schreibe jeweils einen Satz zu den Zielen der UN-Milleniumserklärung.

3 Internetrecherche: Informiere dich über die Arbeit von Hilfsorganisationen. Notiere deine Ergebnisse in die Tabelle.

Name der Organisation	Was macht die Organisation?
caritas	
unicef	
Brot für die Welt	
MEDECINS SANS FRONTIERES ÄRZTE OHNE GRENZEN	
TRANSFAIR FAIRTRADE	

4 Wähle eine Hilfsorganisation aus.
Stelle die Arbeit dieser Organisation in der Klasse vor.

Lexikon

Afrika	Afrika ist der Kontinent, der südlich von Europa liegt. In Afrika gibt es sehr trockene Gebiete (Wüsten), aber auch tropische Regenwälder. Hier leben viele Tiere und Pflanzen. Afrika besteht aus über 50 Staaten. Verglichen mit Europa sind die meisten Menschen in Afrika sehr arm. Bekannte Länder in Afrika sind zum Beispiel Tunesien, Kenia und Namibia. Viele Touristen verbringen dort ihren Urlaub.
der Äquator	Der Äquator ist der größte Breitenkreis. Er teilt die Erde in zwei „Halbkugeln“: die Nordhalbkugel und die Südhalbkugel. Der Äquator hat die geografische Breite 0° (null Grad). Er durchquert Afrika, Südamerika und die Ozeane. Das Land Ecuador in Südamerika hat seinen Namen auch vom Äquator.
Asien	Der Kontinent Asien liegt östlich von Europa. Die größten Länder in Asien sind Russland, China und Indien. In Asien leben die meisten Menschen: fast 4 Milliarden. Das sind 60 Prozent der Weltbevölkerung. Asiatische Länder wie Thailand und Indonesien sind bei deutschen Touristen sehr beliebt.
der Atlas, die Atlanten	Ein Atlas enthält verschiedene Karten von Ländern und Regionen der Erde. So gibt es zum Beispiel physische Karten, geologische Karten oder Wirtschaftskarten. Manchmal behandeln einige Karten auch nur ein bestimmtes Thema. Diese Karten zeigen dann zum Beispiel die Verteilung der Bodenschätze oder die Anzahl der wirtschaftlichen Betriebe in einem Land.
die Atmosphäre	Die Atmosphäre ist die gasförmige Hülle um einen Himmelskörper. Die Erde hat auch eine Atmosphäre. Sie setzt sich aus verschiedenen Schichten zusammen.
Australien	Australien nennt man auch den „fünften Kontinent“. Das Besondere an Australien ist, dass der Kontinent gleichzeitig ein Land ist. Andere Kontinente wie Europa und Afrika setzen sich dagegen aus verschiedenen Ländern zusammen. Australien liegt auf der südlichen Welthalbkugel südöstlich von Asien. Die Hauptstadt von Australien heißt Canberra.
der Ballungsraum die Ballungsräume	Ballungsräume sind Großstädte oder Regionen, wo mehrere Städte und Siedlungen dicht beieinander liegen. In der Regel hat ein Ballungsraum mehr als 500.000 Einwohner mit einer Bevölkerungsdichte von mindestens 1000 Einwohner/km^2. Durch die hohe räumliche Konzentration ergibt sich eine erhöhte Umweltbelastung durch mehr Abwasser, Abgase, Abfall und Lärm.

die Bevölkerungsdichte	Die Werte der Bevölkerungsdichte zeigen uns, wie viele Einwohner auf einem Quadratkilometer (km^2) leben. Städte haben eine größere Bevölkerungsdichte als ländliche Gebiete.
Celsius	Celsius ist eine Maßeinheit der Temperatur („Grad Celsius"). Sie wurde 1742 von dem schwedischen Sternenforscher Anders Celsius eingeführt. Ein gesunder Mensch hat eine Körpertemperatur von 36 Grad Celsius.
das Diagramm, die Diagramme	Ein Diagramm ist eine Zeichnung. Sie zeigt, wie etwas verteilt ist oder wie sich etwas entwickelt. Bei einem Balkendiagramm werden die einzelnen Werte (z. B. Prozente) als Balken dargestellt.
das Elendsviertel, die Elendsviertel	Als Viertel kann man auch einen Stadtteil bezeichnen. Elendsviertel sind die Gebiete am Rande einer Stadt, in denen sehr arme Menschen wohnen. Solche Viertel sind oft ungeplant entstanden. Manchmal bestehen die Häuser nur aus Blech oder Holzbrettern. Die Armut der Menschen ist überall sichtbar. Die Bewohner der Elendsviertel haben oftmals keine Arbeit. Kinder, die in Elendsvierteln wohnen, gehen häufig nicht zur Schule. Sie fangen schon früh an, Geld zu verdienen, um ihre Familien zu unterstützen.
das Entwicklungsland, die Entwicklungsländer	Für den Begriff Entwicklungsland gibt es keine einheitliche Definition. Im Unterschied zu den Industrieländern werden die weniger entwickelten Länder als „Schwellenländer" oder die niedrig entwickelten Länder als „Entwicklungsländer" bezeichnet. Es gibt einige wesentliche Merkmale für die Entwicklungsländer: ein niedriges Pro-Kopf-Einkommen, Armut, eine geringe Lebenserwartung, eine hohe Kindersterblichkeit und eine niedrige Alphabetisierung der Bevölkerung. Es fehlt an Schulen und medizinischen Einrichtungen. Die meisten Entwicklungsländer befinden sich in Afrika, Asien und Südamerika.
evakuieren	Das Wort bedeutet „aussiedeln, leer machen, räumen". Wenn es eine Naturkatastrophe (Erbeben, Vulkanausbruch, Hochwasser) gibt, dann müssen Menschen und Tiere oft aus ihren Häusern evakuiert werden, wenn sie dort nicht mehr sicher sind.
das Flussdelta	Ein Fluss beginnt an einer Quelle und mündet im Meer. Manchmal hat ein Fluss keinen direkten Zugang zum Meer. Dann teilt er sich in verschiedene Arme und bildet ein Flussdelta. Delta ist ein Buchstabe des griechischen Alphabets. Das Flussdelta sieht aus wie dieser Buchstabe. Er hat die Form von einem Dreieck.

die Flut	Allgemein bezieht sich der Begriff auf eine große Wassermenge. Als Flut wird aber auch die Erhebung des Meeresspiegels an der Nord- und Ostsee bezeichnet. Bei der Flut bewegt sich das Wasser auf die Küste zu. Bei Ebbe zieht sich das Wasser zurück.
global **die Globalisierung**	Global bedeutet „weltweit". Unter Globalisierung verstehen wir die „Vernetzung der Welt". Dieser Prozess führt zu immer mehr länderübergreifenden Beziehungen. Der Fortschritt in den Bereichen Transport und Kommunikation hat dazu wesentlich beigetragen.
die Hauptstadt, **die Hauptstädte**	Jedes Land hat eine Hauptstadt. Dort hat meistens die Regierung ihren Sitz. Die Hauptstadt muss nicht immer die größte Stadt eines Landes sein. Allerdings ist die Hauptstadt meist ein wichtiges kulturelles, wirtschaftliches, industrielles und wissenschaftliches Zentrum. Die Hauptstadt von Deutschland ist Berlin.
das Industriegebiet, **die Industriegebiete**	Ein Industriegebiet ist eine große Fläche, auf der Unternehmen und Firmen ihre Produktionshallen bauen. Industriegebiete sind gut erschlossen, das heißt, sie haben Anschluss an Autobahnen oder Eisenbahngleise. Dadurch können Rohstoffe einfacher und schneller an- und abtransportiert werden. Industriegebieten liegen oft weit entfernt von Wohngebieten.
das Klima **der Klimaschutz**	Klima ist eine Beschreibung des Wetters in einem Teil der Erde über einen längeren Zeitraum. Es wird gemessen, wie hoch die Temperaturen in den Jahreszeiten sind. Es wird auch gemessen, wie viel Niederschlag in diesem Gebiet fällt. Diese Werte werden in einem Klimadiagramm festgehalten. Forscher haben festgestellt, dass unser Klima sich geändert hat: es wird immer wärmer. Das liegt vor allem am Treibhauseffekt. Die Menschen beeinflussen auch das Klima. Sie heizen ihre Wohnungen, fahren Autos, benutzen Spraydosen und setzen dadurch schädliche Gase frei. Immer mehr Rauch, Abgase und Treibgase gelangen so in die Luft. Der Klimaschutz ist unsere gemeinsame Aufgabe. Nur durch gemeinsame, länderübergreifende Regelungen können wir unser Klima schützen.
das Kohlendioxid	Kohlendioxid ist eine chemische Verbindung aus Kohlenstoff und Sauerstoff. Es ist ein Gas, das man nicht riechen und nicht sehen kann. Kohlendioxid ist ein Bestandteil der Luft. Es ist ein nicht brennbares Gas.

der Kontinent, die Kontinente	Die Erdoberfläche besteht zum größten Teil aus Wasser: aus den Meeren und den Ozeanen. Die Meere umgeben sieben große Landmassen, die wir Erdteile oder Kontinente nennen.
die Metropole, die Metropolen	Der Begriff stammt aus der griechischen Sprache und hat heute verschiedene Bedeutungen. Als Metropole bezeichnet man Städte mit sehr vielen Einwohnern. Dort wohnen mehr als eine Million Menschen. Eine Metropole ist außerdem das politische, wirtschaftliche, kulturelle und religiöse Zentrum einer Region.
das Polargebiet die Polargebiete	Die Gebiete am Nordpol und am Südpol bezeichnen wir als Polargebiete. Das Nordpolargebiet nennen wir auch Arktis und das Südpolargebiet: Antarktis. Die Antarktis ist das kälteste Gebiet der Erde. Es kann dort bis zu minus 90 °C kalt werden. Die Polargebiete spielen eine wichtige Rolle für das Weltklima: Wie gigantische Eiswürfel sorgen sie für eine ständige Abkühlung von Luft und Wasser und beeinflussen so das Wetter auf der ganzen Erde.
der Regenwald	Im Regenwald herrscht ein besonders feuchtes Klima. Es regnet oft und viel. Dadurch wachsen viele seltene Pflanzen in diesen Waldgebieten. Auch Tiere fühlen sich im Regenwald sehr wohl, weil sie dort genügend Nahrung finden. Regenwälder gibt es auf verschiedenen Kontinenten: in Südamerika, in Nordamerika sowie in Afrika und in Asien.
der Rhein	Der Rhein ist ein Fluss im Westen von Deutschland. Er entspringt in den Alpen und mündet in die Nordsee. Am Rhein liegen große und berühmte Städte wie Köln und Düsseldorf. Viele Unternehmer nutzen den Rhein, um ihre Güter und Rohstoffe auf Schiffen zu transportieren. Außerdem wird am Rhein auch Wein angebaut. Der Rhein ist der längste Fluss von Deutschland. Er ist über 1300 Kilometer lang.
die Richter-Skala	Auf der Richter-Skala kann man ablesen, wie stark ein Erdbeben ist. Messinstrumente wie Thermometer haben eine Skala. Die Richter-Skala hat zehn Stufen. Erdbeben der kleinsten Stufe nehmen Menschen nicht wahr. Sie können nur von Geräten gemessen werden. Erst ab Stufe 3 (sehr leicht) spüren Menschen ein Erdbeben.
der Rohstoff, die Rohstoffe	Rohstoff nennen wir das Material, aus dem andere Dinge hergestellt werden. Rohstoffe sind zum Beispiel Kohle, Wolle oder Getreide. Diese Rohstoffe können weiterverarbeitet werden: Mit Kohle kann man Energie produzieren, aus Wolle wird Kleidung hergestellt und aus Getreide Brot.

die Tropen	Tropen nennt man die Gebiete, die am Äquator liegen. In den Tropen ist es das ganze Jahr über sehr warm. Es gibt keine Jahreszeiten, sondern es ist immer Sommer. In einigen Teilen der Tropen regnet es sehr viel. Dort wächst der Regenwald.
der Tsunami, die Tsunamis	Das Wort Tsunami kommt aus der japanischen Sprache und bedeutet „Welle". Wenn es auf dem Boden der Ozeane ein Erdbeben gibt („Seebeben"), dann entstehen Tsunamis. Dabei bewegt sich das Wasser vom Meeresboden bis zur Oberfläche in Wellen auf die Küste zu. An Land richtet der Tsunami große Schäden an. Er zerstört Gebäude und reißt Menschen ins Meer.
die Unterernährung	Von Unterernährung spricht man, wenn ein Mensch weniger Kalorien am Tag zu sich nimmt als er am Tag verbraucht. Bei einem erwachsenen Menschen beträgt dieser Leistungsumsatz etwa 9000 Kilojoule. Die Unterernährung ist ein der schlimmsten Probleme der Entwicklungsländer. Folgen der Unterernährung sind viele Krankheiten. Es kommt meist zu einer Schwächung der inneren Organe sowie des Immunsystems. Dadurch kommt es meist bei Kindern zu tödlichen Infektionskrankheiten.
die Weltbevölkerung	Nie zuvor haben so viele Menschen auf der Erde gelebt wie heute – mehr als 6,7 Milliarden. Nach wie vor wächst die Weltbevölkerung rasant: Bis zum Jahr 2050 wird es voraussichtlich 9,2 Milliarden Menschen geben. Das Weltbevölkerungswachstum findet fast ausschließlich in den Entwicklungsländern statt.

Gewusst wie!

Auf diesen Seiten haben wir für euch alle Methoden zusammengefasst, die in den Arbeitsheften Klick! Erdkunde 1, 2 und 3 vorhanden sind.

So lese ich eine Karte

1 **Die Karte hat eine Überschrift.**
Die Überschrift sagt mir etwas über die Karte.

Ich lese die Überschrift.
Was ist auf der Karte abgebildet?

2 **Die Karte hat eine Legende.**
Die Legende hilft mir, die Karte zu verstehen.

Ich lese die Legende:
- Was bedeuten die Farben?
- Was bedeuten die Linien?
- Was bedeuten die Symbole?

3 **Die Karte hat einen Maßstab.**
Der Maßstab hilft mir, die Entfernungen auf der Karte zu berechnen.

- Wie viel Kilometer sind 1 cm auf der Karte?

Ich prüfe es auf dem Maßstab. Ich berechne die Entfernung.

4 **Ich habe mir die Karte genau angesehen.**
Ich habe die Legende gelesen.

Jetzt kann ich aufschreiben, was die Karte zeigt:
- Was sehe ich auf der Karte?
- Was erfahre ich Neues?

→ Karten lesen kannst du noch:

Physische Karten: Klick! Erdkunde 1 Einführung: Seiten 34–37; Übung: Seiten 38–43

Wirtschaftskarten: Klick! Erdkunde 2 Seiten 80/81; Seite 83

Thematische Karten: Klick! Erdkunde 3 Seiten 87, 99

Mit dem Maßstab arbeiten

So geht ihr vor:

1. Messt mit dem Lineal den Abstand zwischen den beiden gewünschten Orten.
2. Schreibt das Ergenbis auf. (z. B. Abstand: 4,00 cm)
3. Seht euch den Maßstab an: Wie viel Kilometer sind 1 cm auf der Karte? (z. B. 1 cm = 250 Km)
4. Berechnet die Entfernung. (z. B. 4 x 250 Km = 1000 Km)

→ Mit dem Maßstab arbeiten

kannst du: im Klick! Erdkunde 2 Seiten 22/23

**Ihr könnt in eurer Umgebung vieles erkunden:
eine bestimmte Region, einen Naturpark, einen Betrieb.**

Eine Erkundung vorbereiten und durchführen

So könnt ihr vorgehen:

1. Schritt: Die Erkundung vorbereiten

- Besprecht in der Klasse gemeinsam:
  - Was wollt ihr erkunden?
  - Wie kommt ihr dorthin?
- Stellt einen Arbeitsplan auf:
  - Welches Material braucht ihr?
  - Wer macht Fotos?
  - Wer schreibt alles auf?

2. Schritt: Die Erkundung durchführen

- Geht oder fahrt gemeinsam zu eurem Ziel.
- Nehmt euer Material mit.
- Denkt an eure Aufgaben:
  - Beobachtet.
  - Macht Fotos.
  - Schreibt alles auf, was ihr seht.

3. Schritt: Die Ergebnisse präsentieren

- Gestaltet ein Plakat.
- Zeichnet eure erkundete Umgebung auf.
- Wählt Fotos aus.
- Klebt die Fotos auf und beschriftet sie.

→ Eine Erkundung vorbereiten und durchführen kannst du:

im Klick! Erdkunde 1 Seite 24/25

Eine Betriebserkundung vorbereiten

1. Wählt einen Betrieb in euerer Umgebung aus.
   - Welchen Betrieb wollt ihr besichtigen? Stimmt darüber ab.
2. Nehmt Kontakt mit dem Betrieb auf.
   - Schreibt einen Brief an den Betrieb oder ruft dort an.
   - Fragt nach, ob eine Besichtigung möglich ist.
3. Vereinbart einen Termin.
4. Bereitet einen Fragebogen für eure Erkundung vor.

→ Eine Betriebserkundung vorbereiten kannst du:

im Klick! Erdkunde 2 Seiten 70/71

Ein Klimadiagramm lesen und auswerten

- Die **Überschrift** gibt den Ort an, für den das Diagramm erstellt wurde.
- Links findest du die **Temperaturachse**. Hier sind die Werte in °C (Grad Celsius) angegeben. Die Werte sind mit einer **roten Linie** verbunden
- Rechts findest du die Regenachse. Hier sind die Werte in mm angegeben. Die Werte sind als **blaue Säulen** dargestellt
- Unten findest du die Zeitachse in Monaten eingeteilt.

→ Klimadiagramme lesen kannst du auch im Klick! Erdkunde 2: Seiten 62/63; 64/65

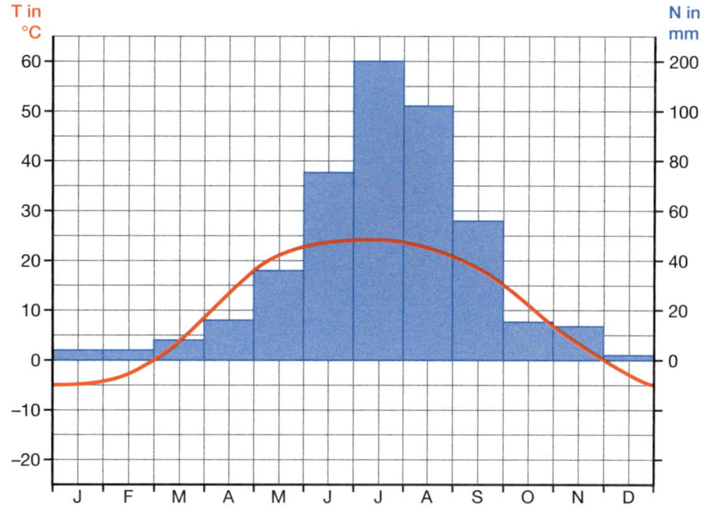

Ein Verlaufsdiagramm lesen und auswerten

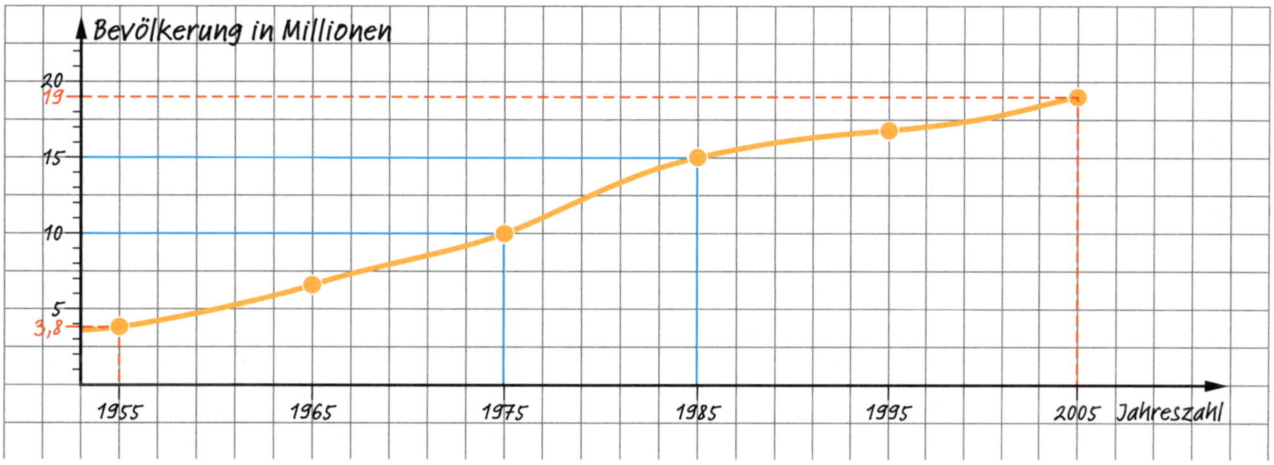

- Die **Überschrift** gibt den Ort an, für den das Diagramm erstellt wurde.
- Links findest du die **Achse mit den Bevölkerungszahlen** in Millionen. Hier kannst du von unten nach oben die Bevölkerungszahl ablesen.
- Unten findest du die **Zeitachse mit den Jahreszahlen**. Hier kannst du von links nach rechts die Jahreszahl ablesen.

→ Verlaufsdiagramme lesen kannst du auch

im Klick! Erdkunde 3 Seiten 76/77

Ein Bevölkerungsdiagramm lesen und auswerten

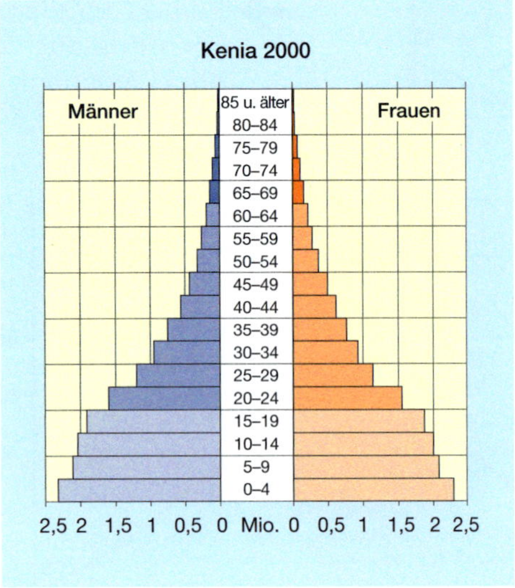

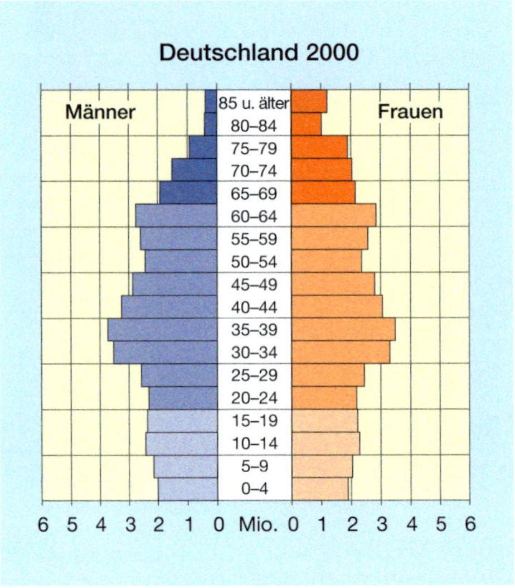

So könnt ihr das Diagramm lesen:

- Die **Überschrift** gibt das Land an, für das das Diagramm erstellt wurde.
- In der Mitte findest du die **eine Säule.** Hier kannst du das **Alter der Menschen** ablesen.
- Unten findest du **eine Achse**. Hier kannst du die **Anzahl der Menschen** in Millionen ablesen.
- Die **roten Balken** stehen für die Frauen. Die **blauen Balken** stehen für die Männer.
- Die **Form des Diagramms** gibt uns Informationen über den **Altersaufbau der Bevölkerung** eines Landes.
- **Typische Formen** sind:
  Pyramidenform: wachsende Bevölkerung (Entwicklungsländer)
  Sarg- oder Pilzform: abnehmende Bevölkerung (Industrieländer)

→ Bevölkerungsdiagramme lesen und vergleichen kannst du auch im Klick! Erdkunde 3 Seiten 88/89; 90/91

Im Erdkundeunterricht arbeiten wir oft mit einem Atlas.

Einen Ort im Atlas finden

1. Suche in deinem Atlas das Register.
2. Suche in dem Register den Ort, den du finden möchtest.
3. Notiere dir die Seitenzahlen und das Gradnetz-Feld (z. B.: Casablanca: 25/26 D3)
4. Schlage die entsprechende Seite im Atlas auf.
5. Suche das entsprechende Gradnetz-Feld auf der Karte. Dort findest du den gesuchten Ort.

Eine bestimmte Karte im Atlas finden

1. Suche in deinem Atlas das Inhaltsverzeichnis.
2. Hier findest du eine Übersicht. Alle Karten, die es in deinem Atlas gibt, sind hier aufgelistet.
3. Suche die Seitenzahl von der gewünschten Karte.
4. Schlage die entsprechende Seite im Atlas auf.
   Zu einem Thema gibt es oft mehrere Karten:
   z. B.: Asien: Physische Karte
   Asien: Wirtschaftskarte
   Asien: Temperaturen und Niederschläge (etc.)

➔ Mit dem Atlas arbeiten kannst du auch: in Klick! Erdkunde 3 auf Seiten 10/11; 16/17

Das Gradnetz der Erde

Längengrade

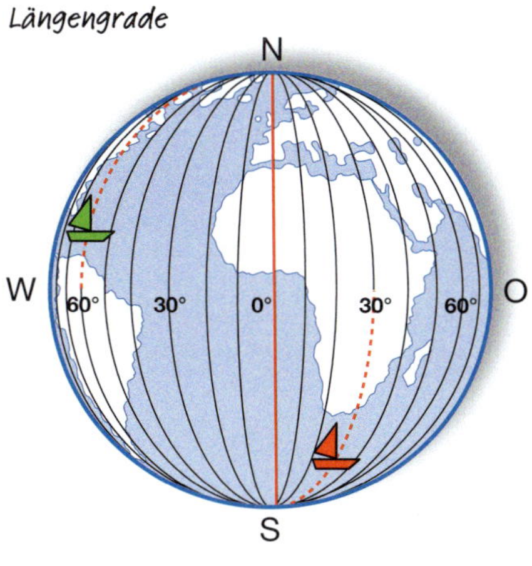

Breitengrade

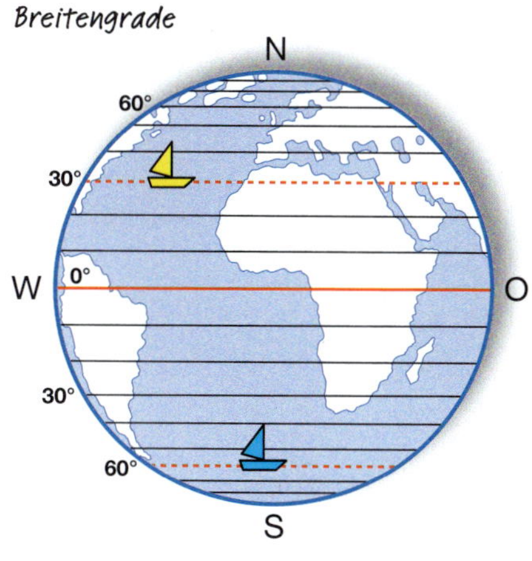

Längengrade und Breitengrade

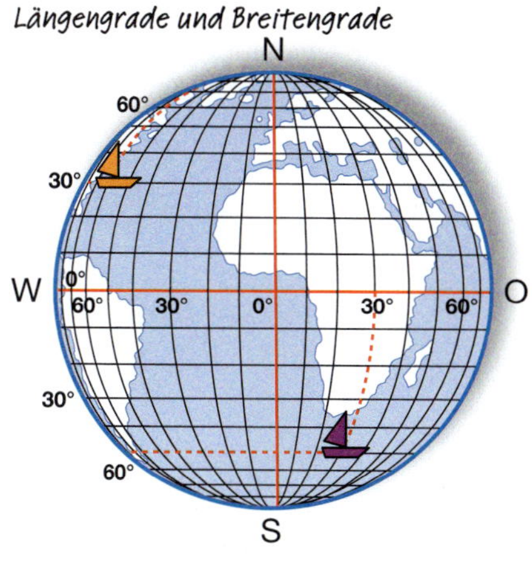

Es gibt viele interessante Länder auf der Welt. In einem Ländersteckbrief kannst du Informationen über ein Land sammeln.

Einen Ländersteckbrief schreiben

Steckbrief von ______________________ Flagge

Einwohnerzahl: ______________________

Größe: ______________________

Landessprache: ______________________

Lage in Europa: ______________________

Hauptstadt: ______________________

Einwohner der Hauptstadt: ______________________

Das habe ich über die Hauptstadt noch herausgefunden: ______________________

____

____

____

Weitere große oder wichtige Städte: ______________________

Nachbarstaaten: ______________________

____

Das habe ich noch über den Staat herausgefunden:

____

____

____

____

Mit einem Ländersteckbrief kannst du auch einen Kurzvortrag über ein bestimmtes Land vorbereiten.